V 1884
A.

TRAITÉ
DE
L'ART DE LA CHARPENTERIE,

Par A. R. ÉMY,

COLONEL DU GÉNIE, EN RETRAITE, MEMBRE DE L'ORDRE ROYAL DE LA LÉGION-D'HONNEUR,

Professeur de Fortification à l'École royale militaire de St-Cyr, Membre de l'Académie royale des Belles Lettres, Sciences et Arts de La Rochelle, de la Société royale d'Agriculture et des Arts du département de Seine-et-Oise, de l'Institut Historique, etc.

ATLAS DE 59 PLANCHES POUR LE TOME PREMIER.

TABLE DES PLANCHES.

Outils de Charpentier. 1. 2. 3.
Transport des bois. 3.
Equarrissement des bois. 4. 5. 6. 7.
Sciage de long. 8. 9. 10.
Débit des bois. 11.
Courbure des bois. 12.
Conservation et emmagasinement. 13.
Assemblages. 14. 15. 16. 17. 18. 19. 20. 21. 22. 23.
Piqué des bois. 24. 25. 26. 27.
Pans de bois. 28. 29. 30.
Planchers. 31. 32. 33. 34. 35. 36.
Poutres. 37. 38. 39.

Couvertures des combles. 40.
Combles à deux égoûts. 41. 42. 43.
Combles en croupes. 44. 45.
Noues des combles. 46.
Combles à cinq épis. 47.
Épures des croupes. 48. 49. 50.
Épures de noues. 51. 52.
Arêtiers et noues délardés. 53.
Épures de pannes et faisceaux. 54. 55.
Étalons pour un comble. 56.
Établissement des bois sur les étalons. 57.
Herses. 58. 59.

Paris,

ANSELIN, LIBRAIRE, RUE ET PASSAGE DAUPHINE, 36. CARILIAN-GŒURY, LIBR. QUAI DES AUGUSTINS, 41.

1837.

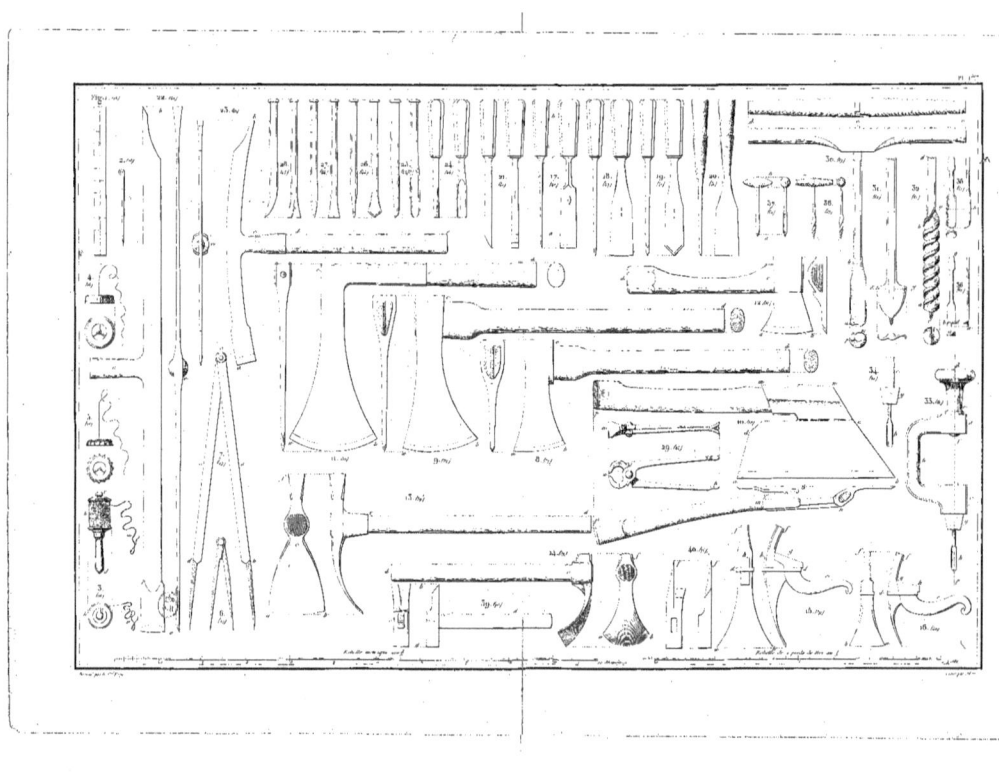

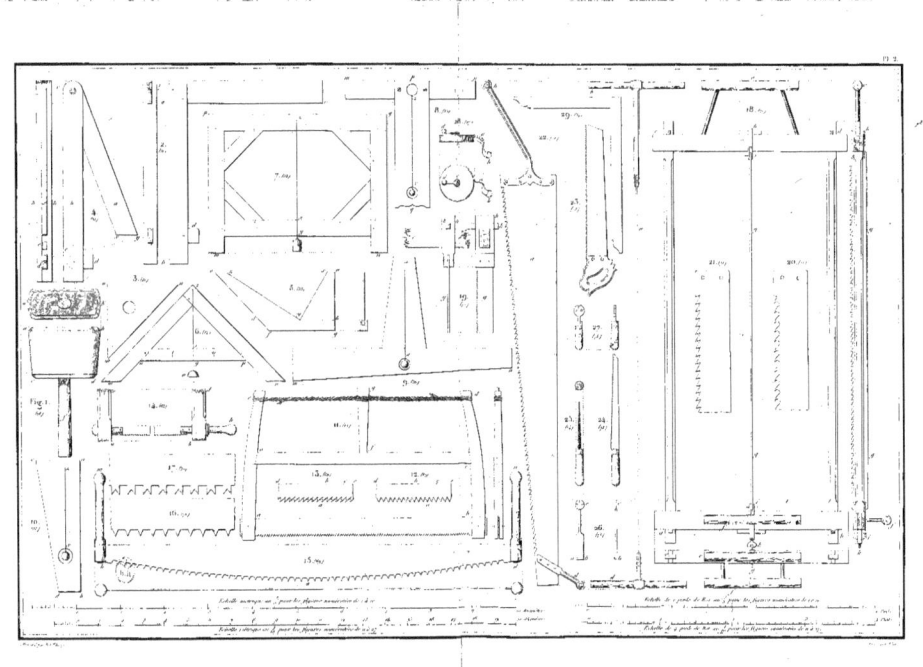

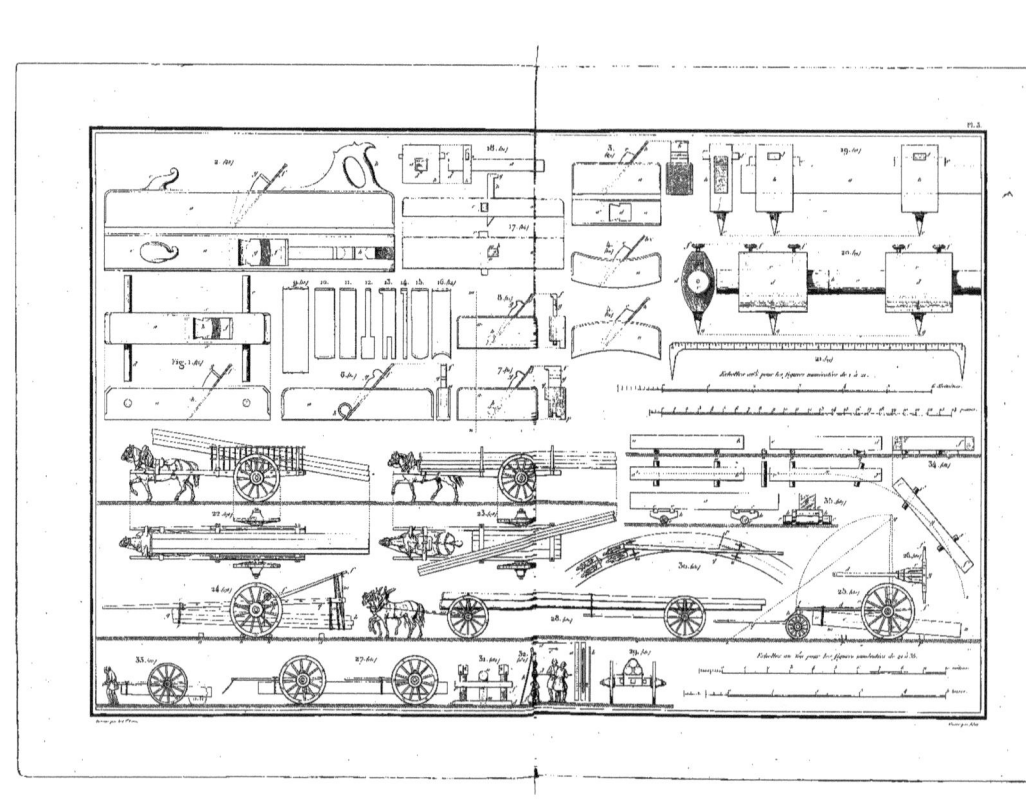

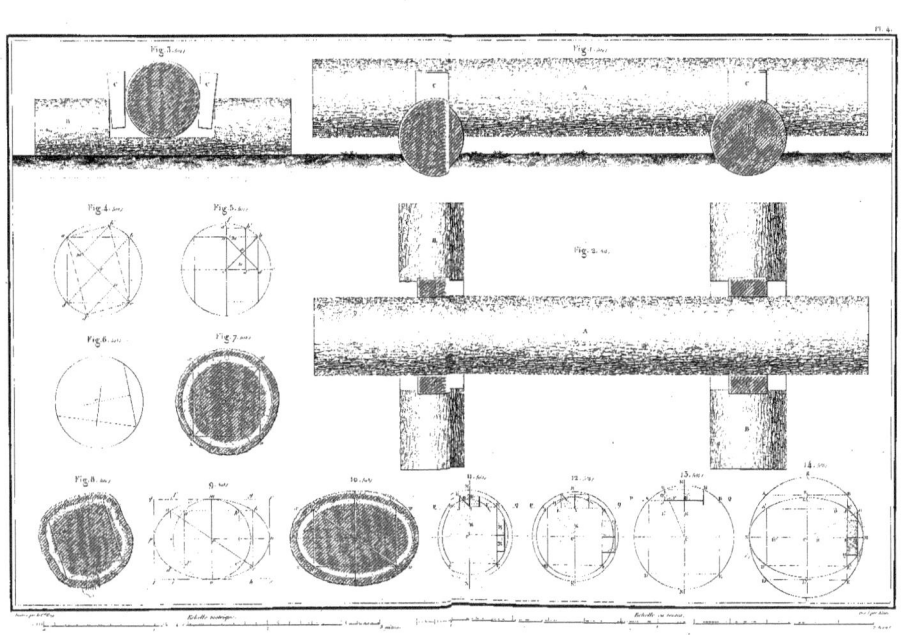

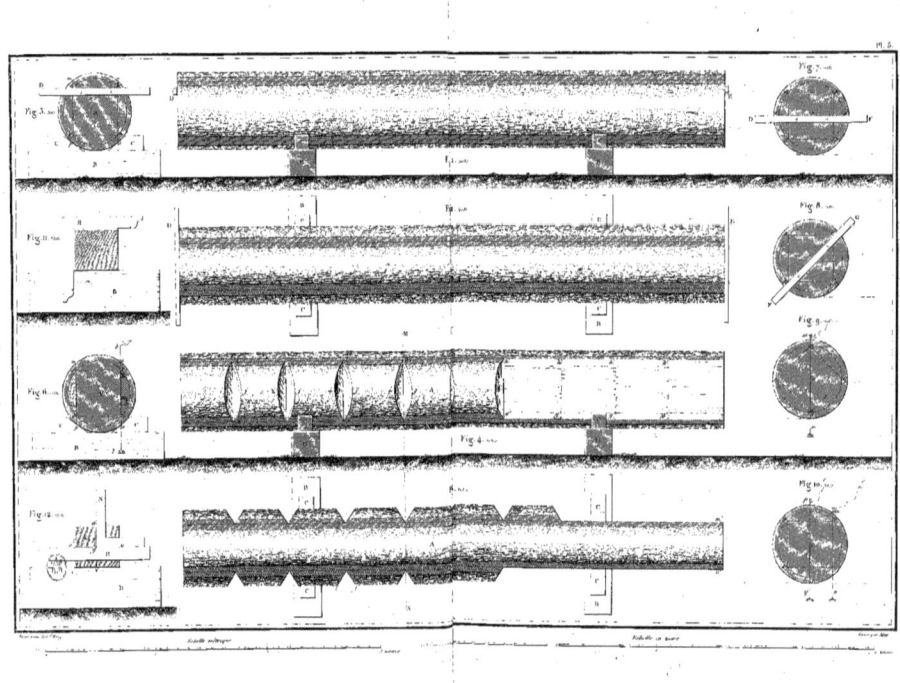

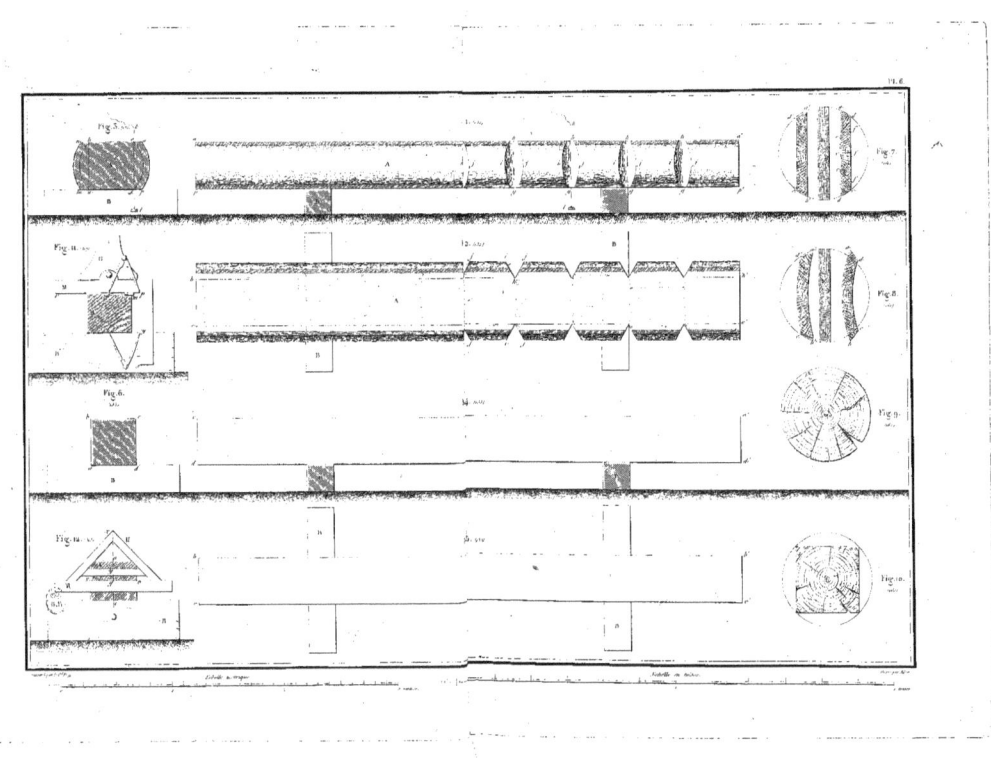

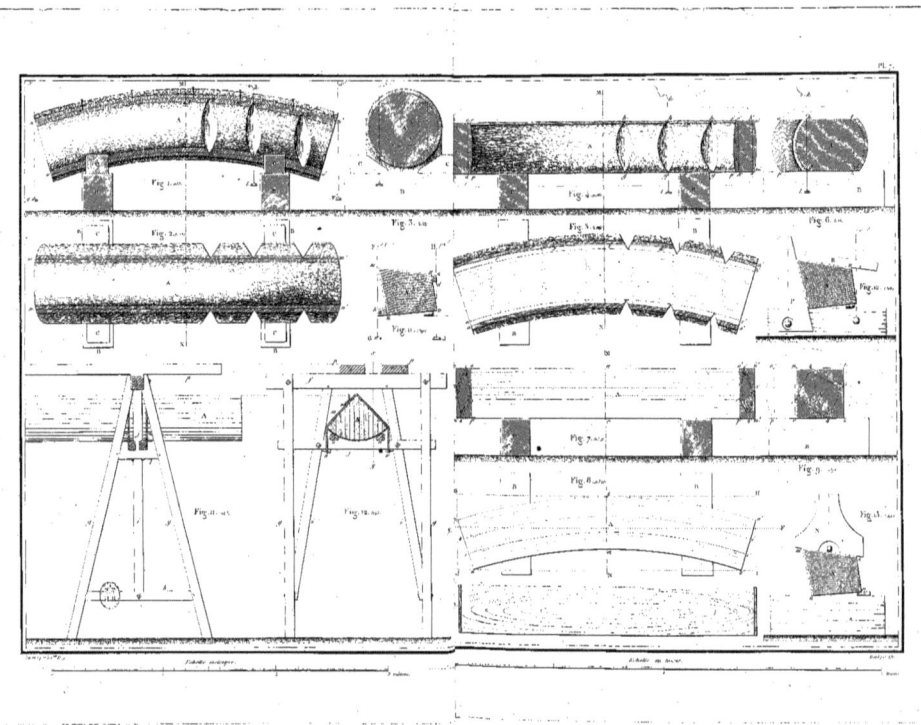

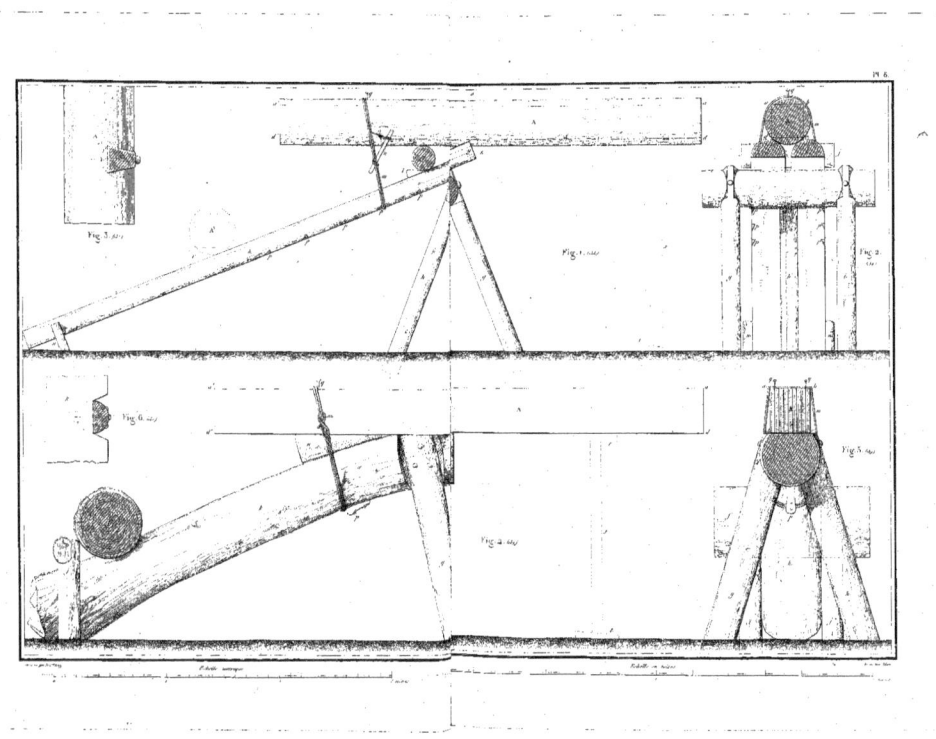

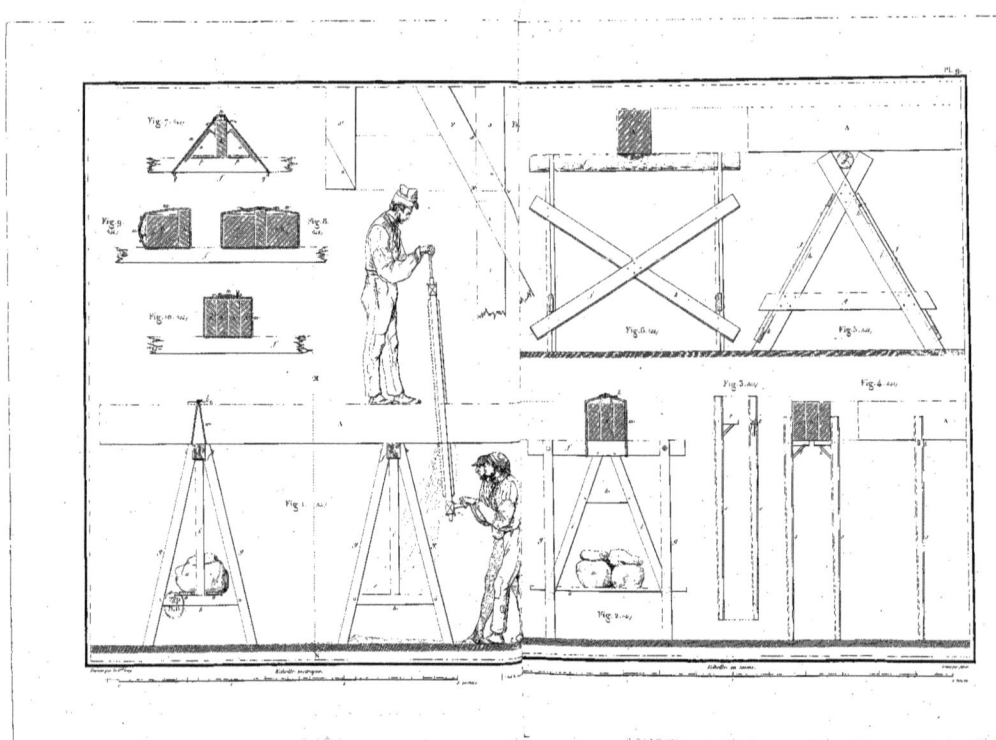

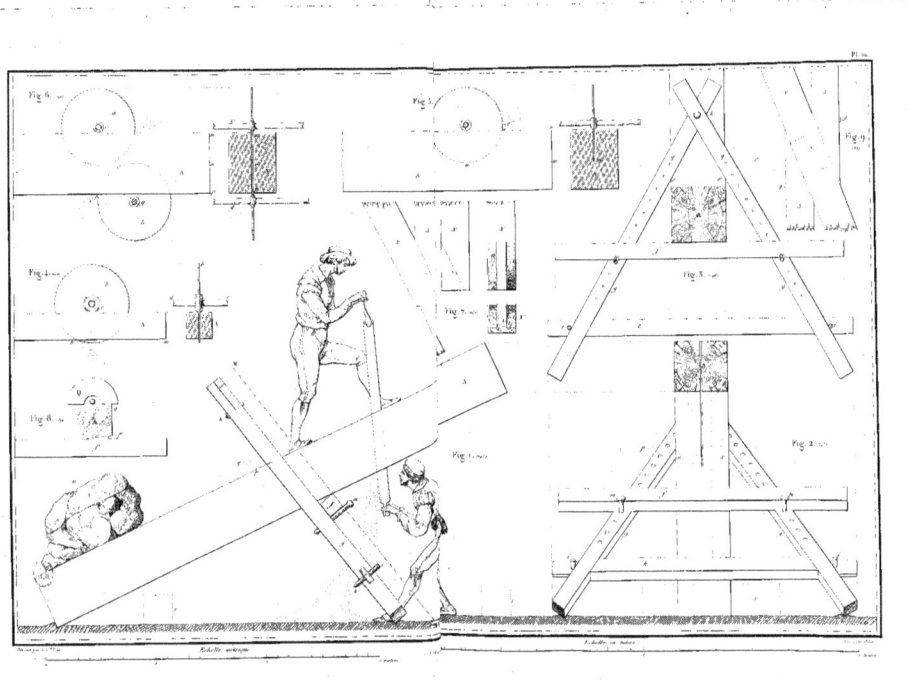

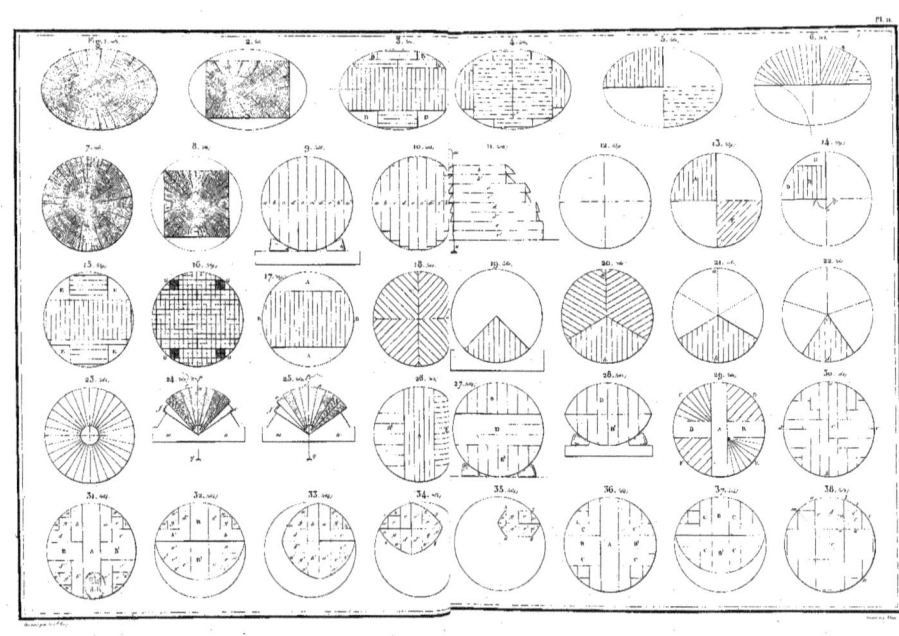

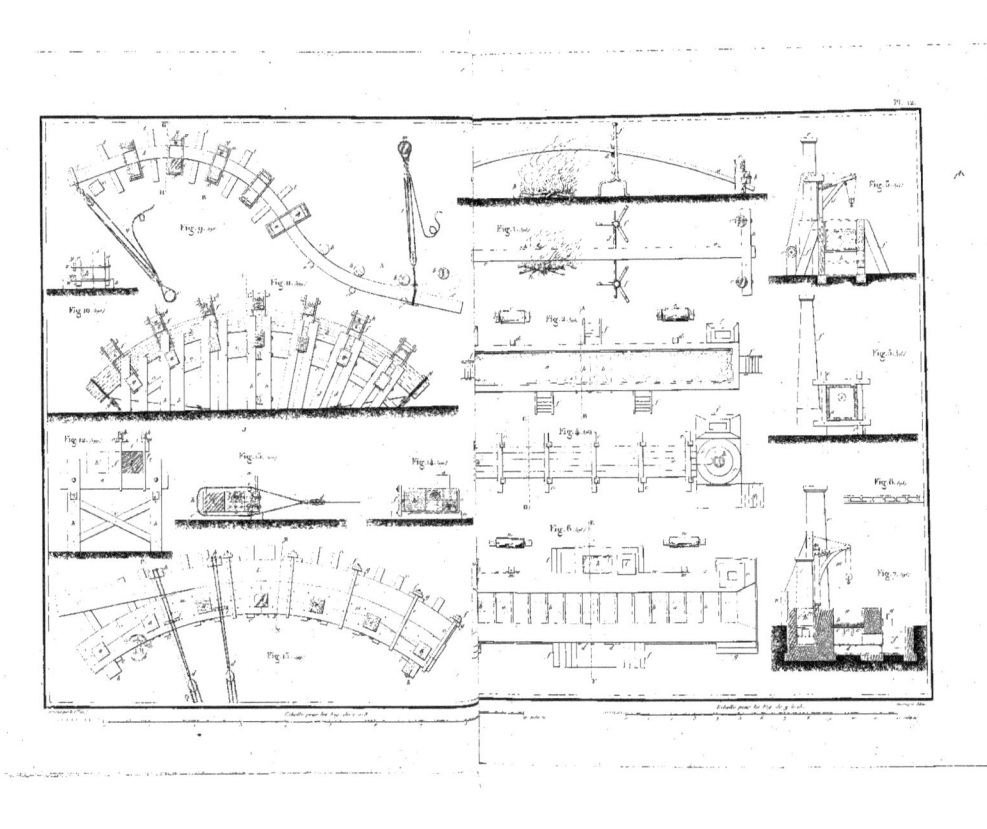

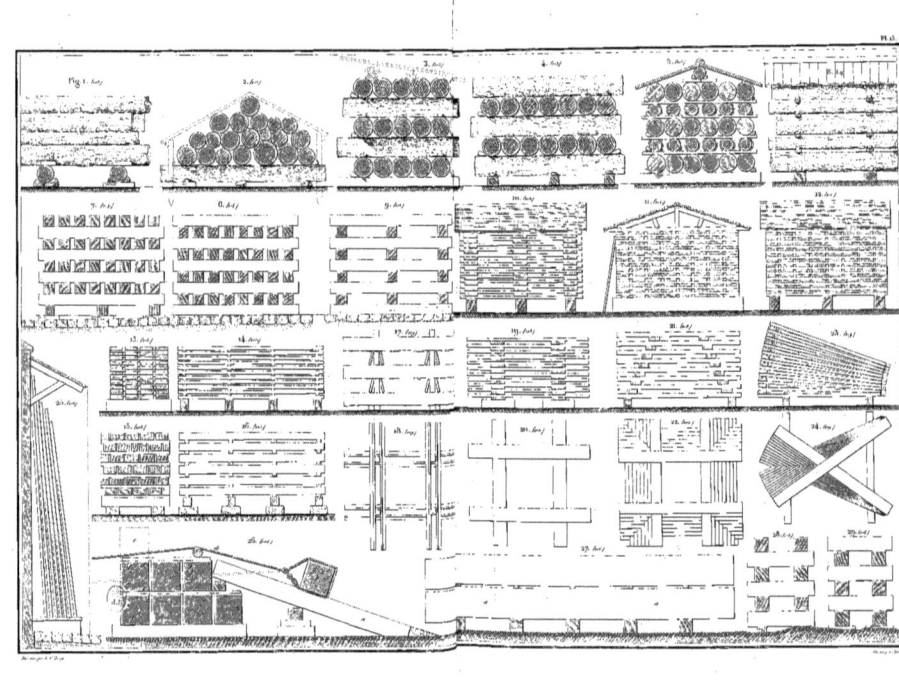

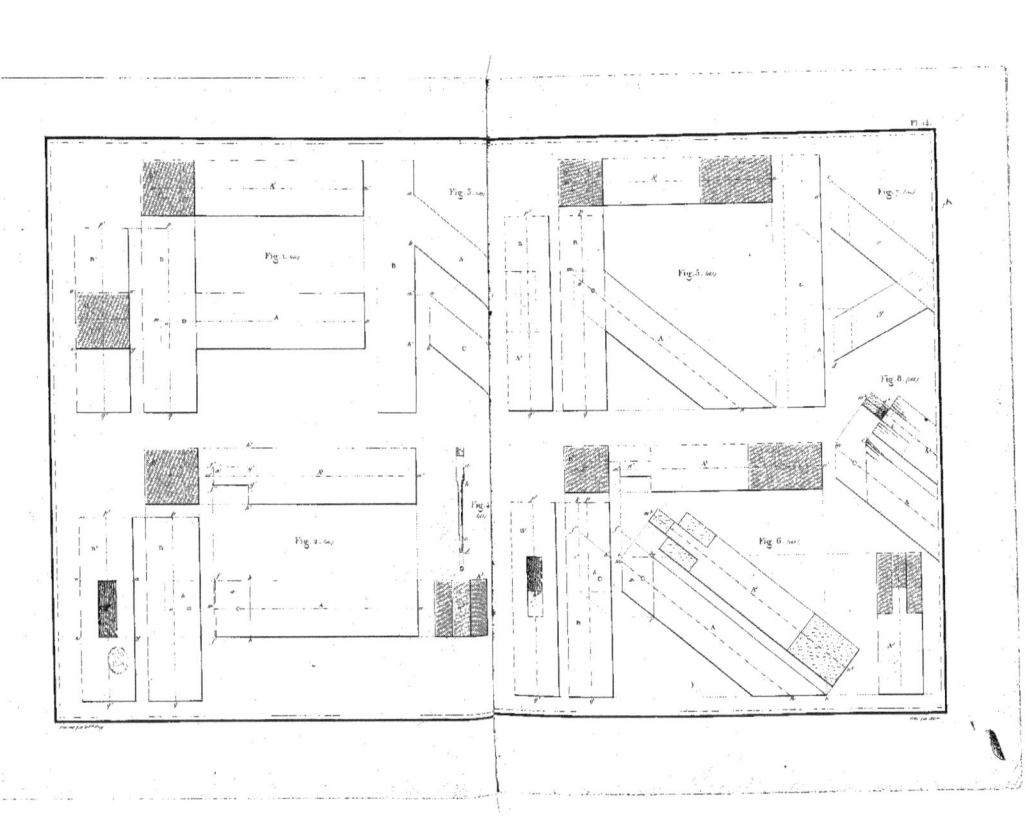

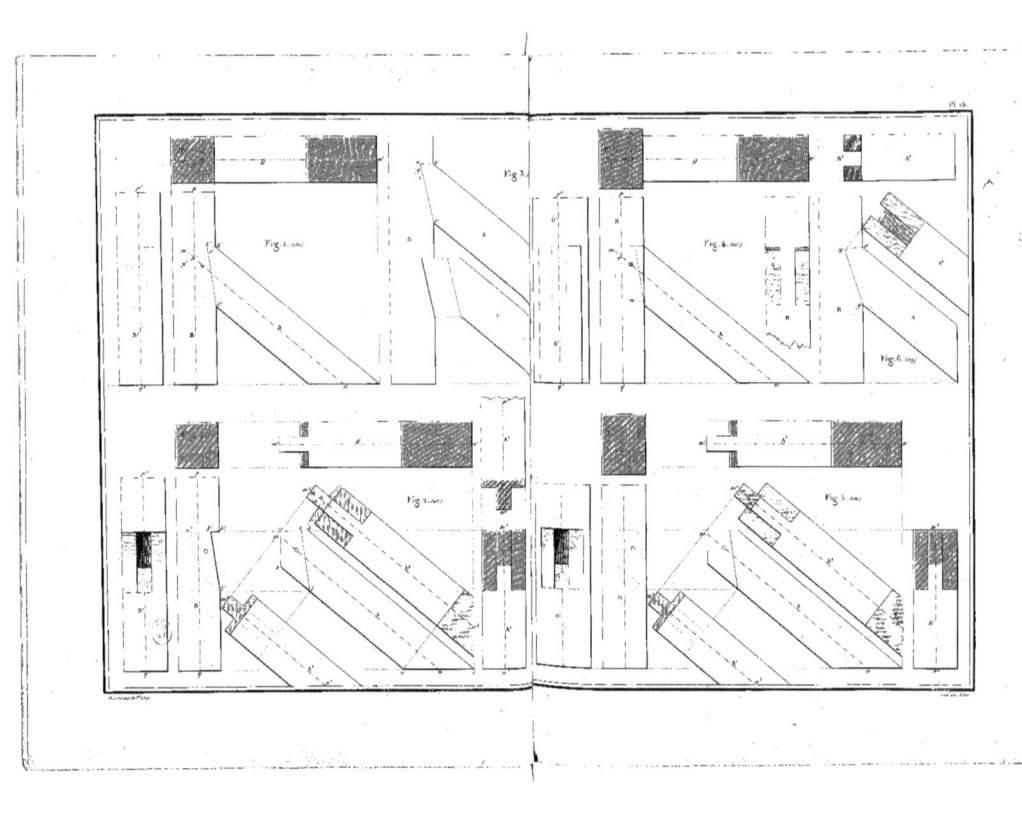

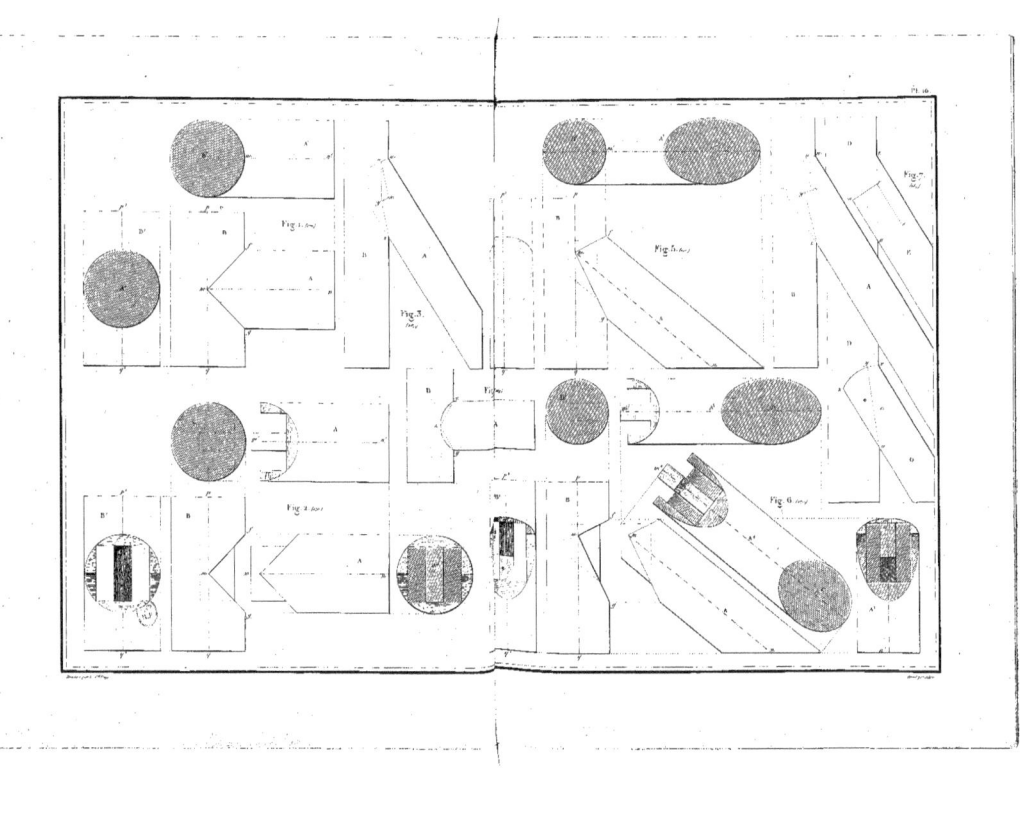

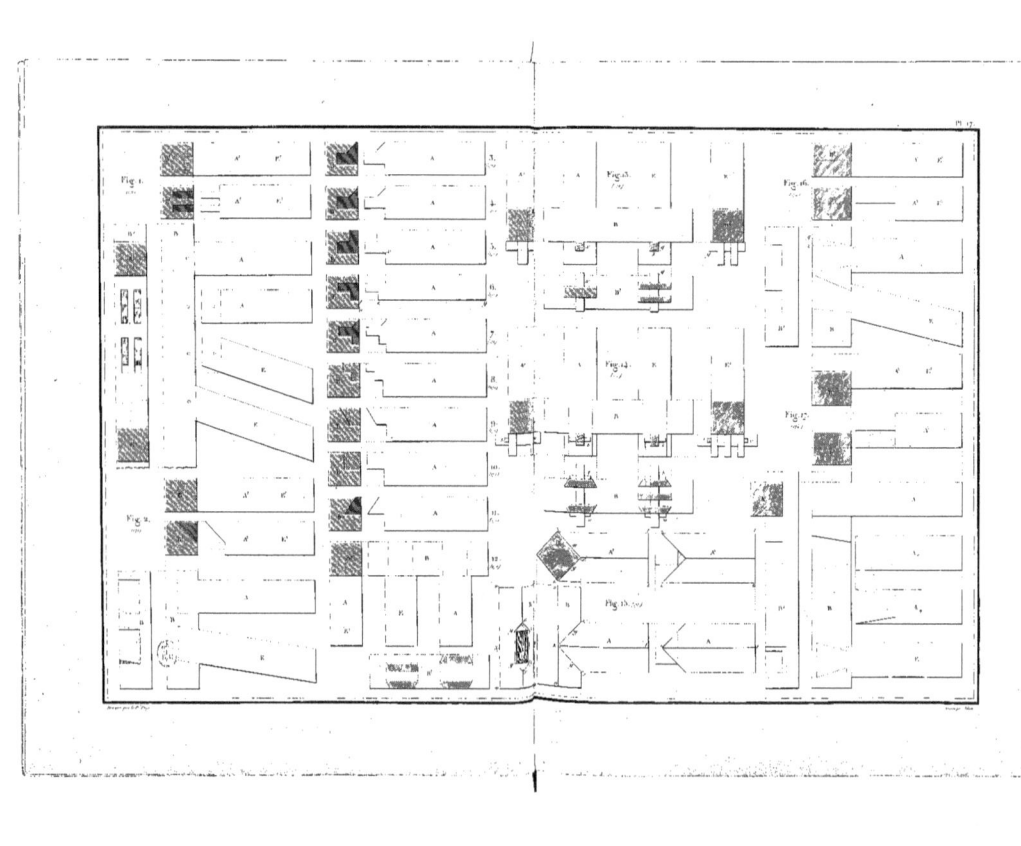

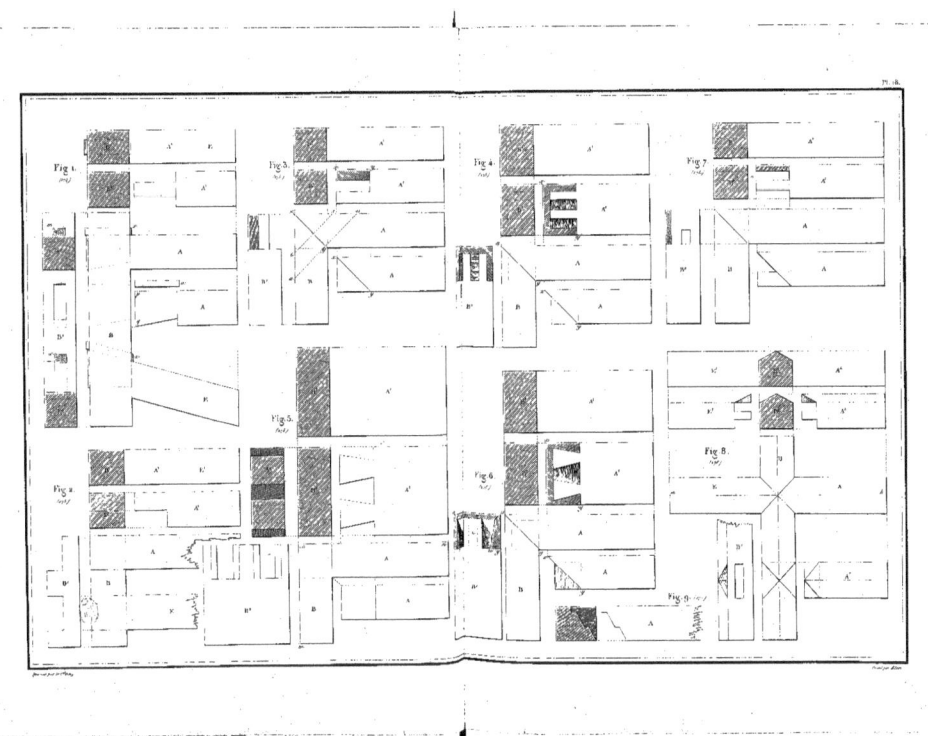

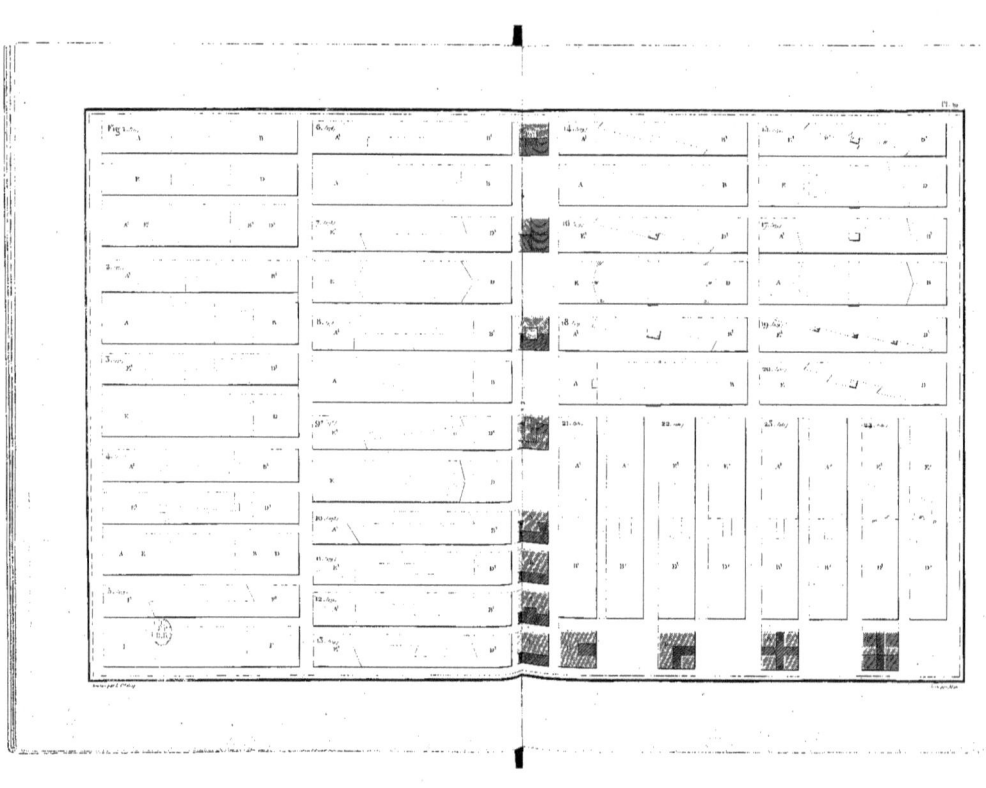

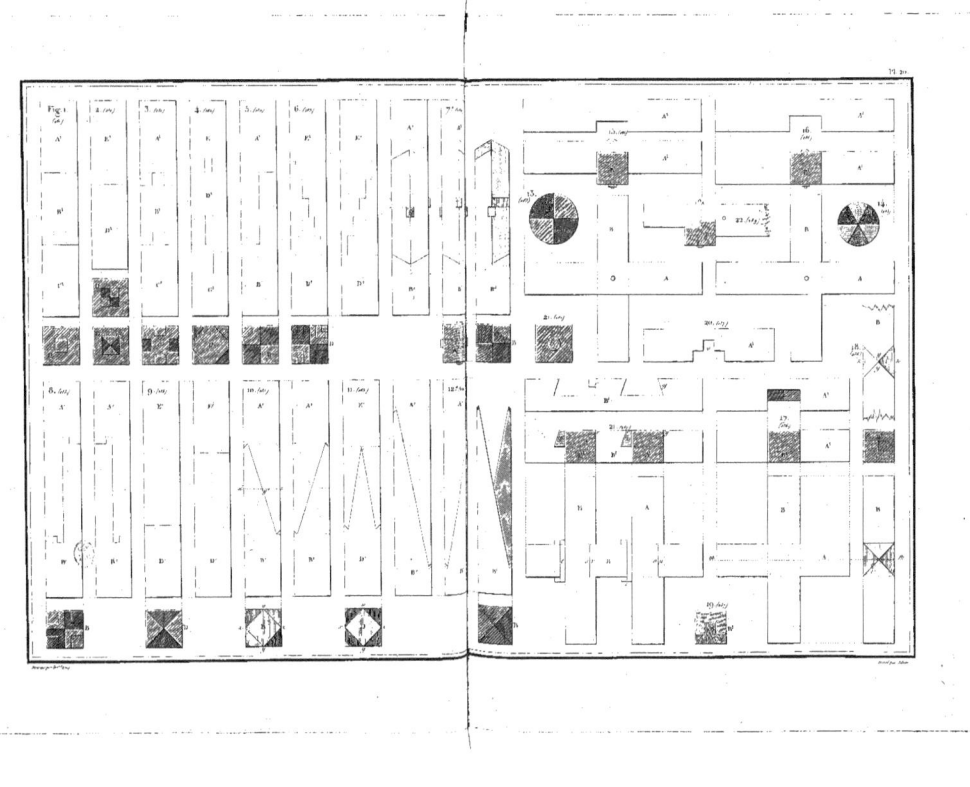

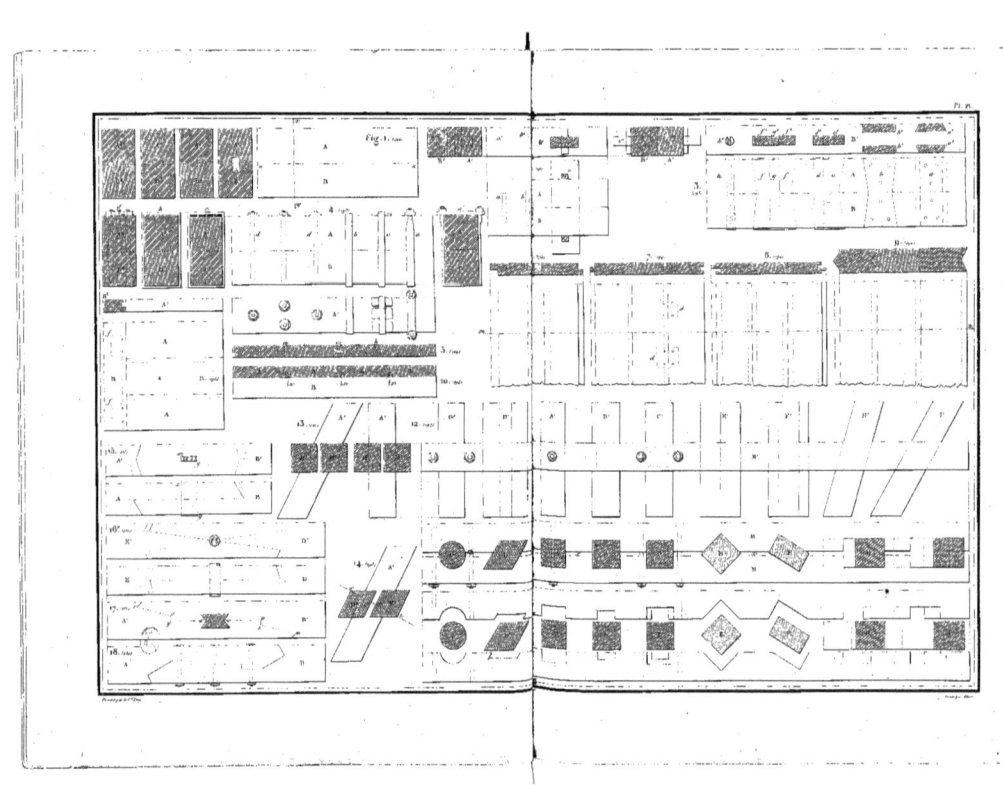

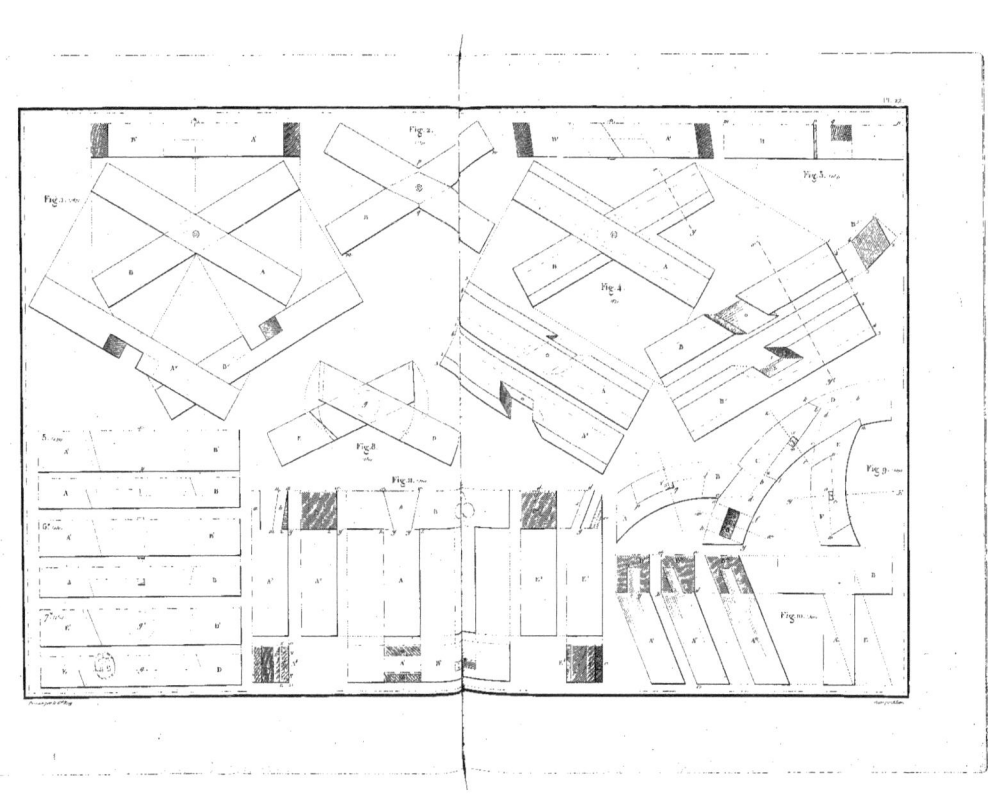

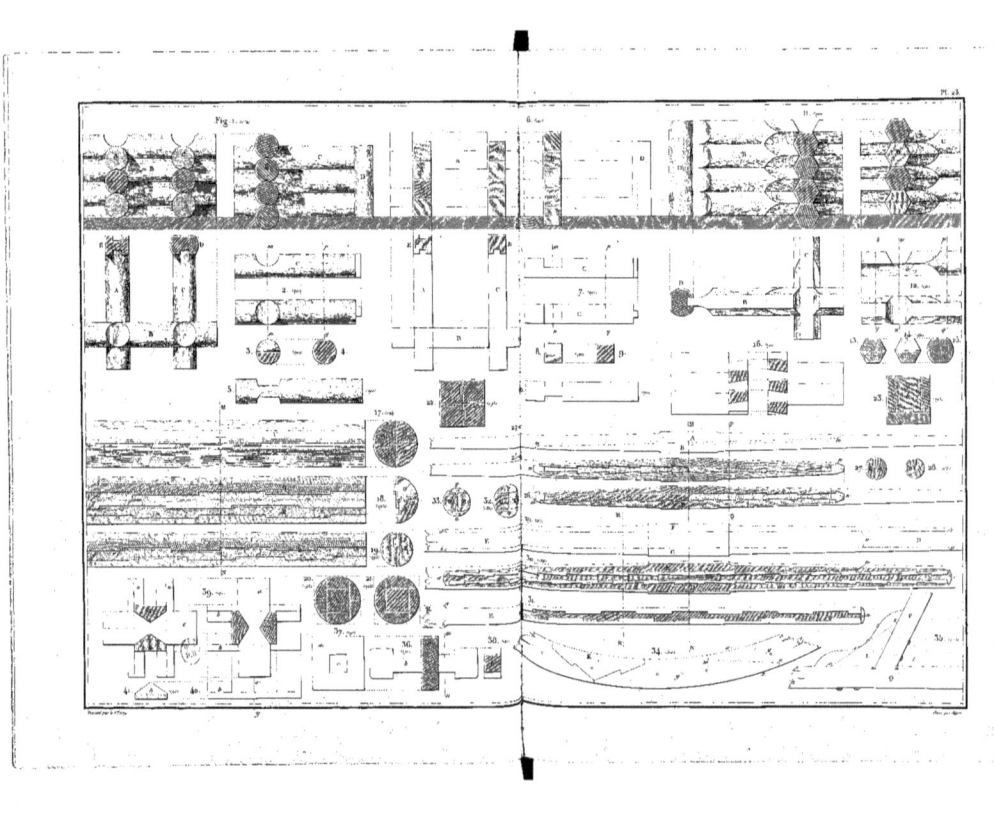

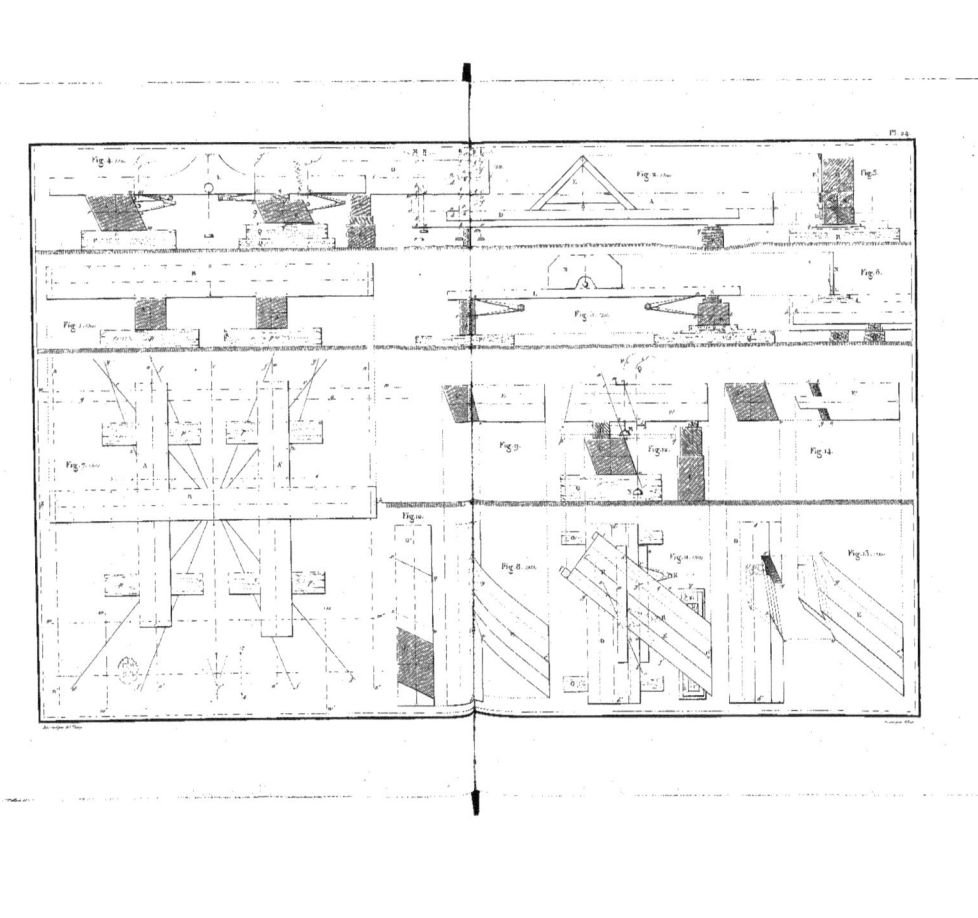

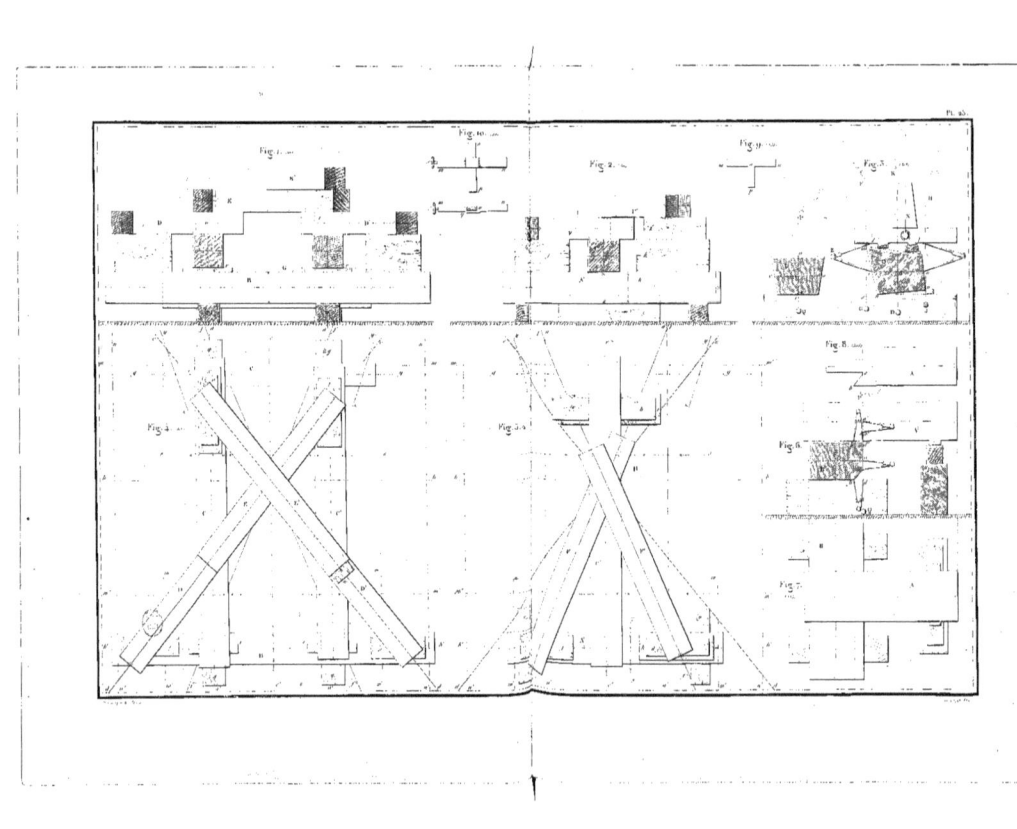

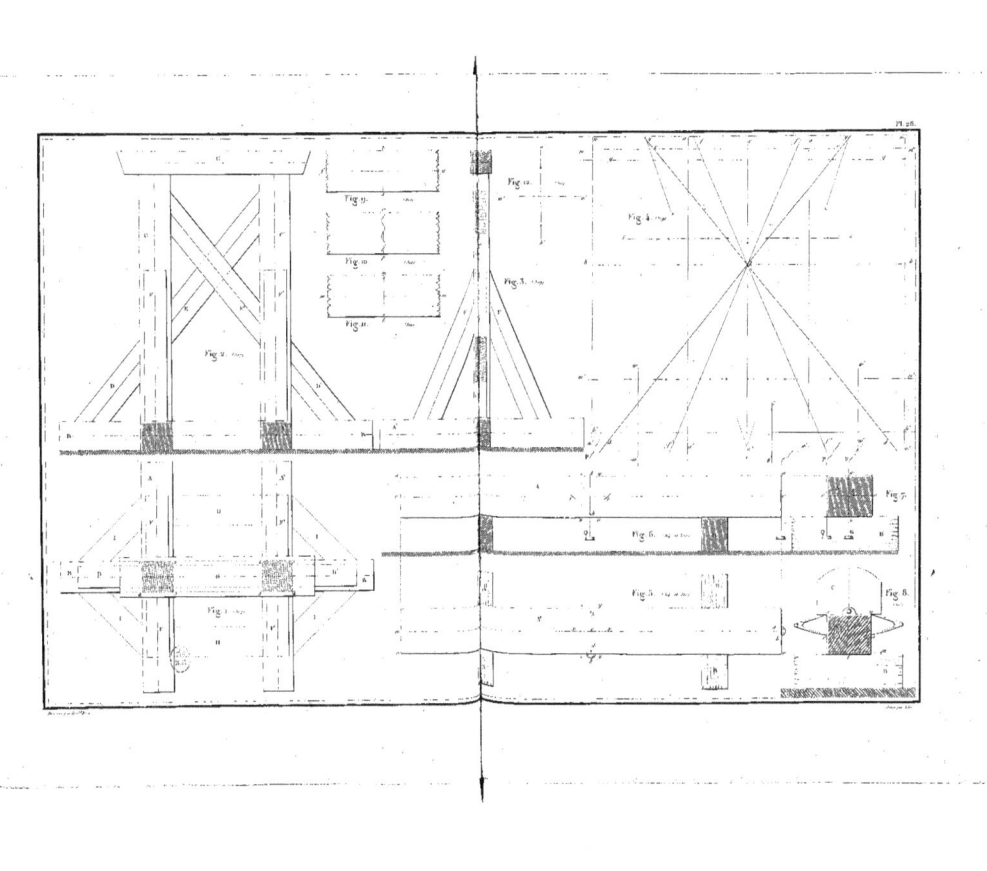

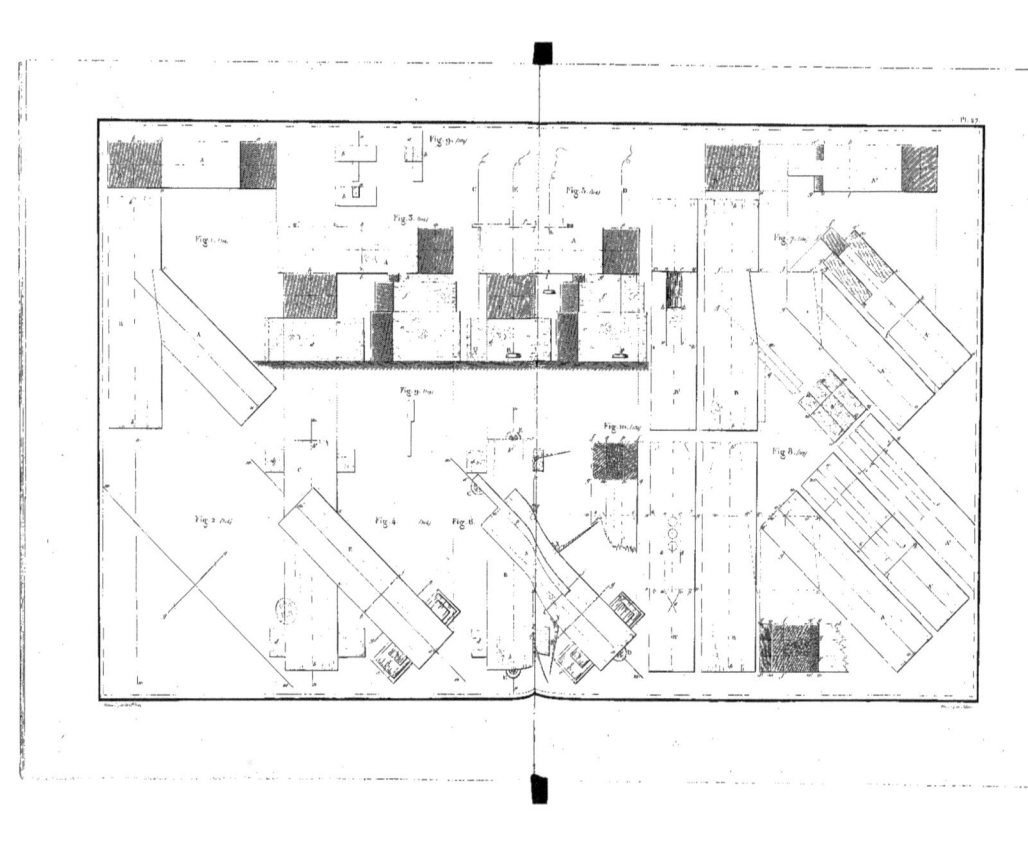

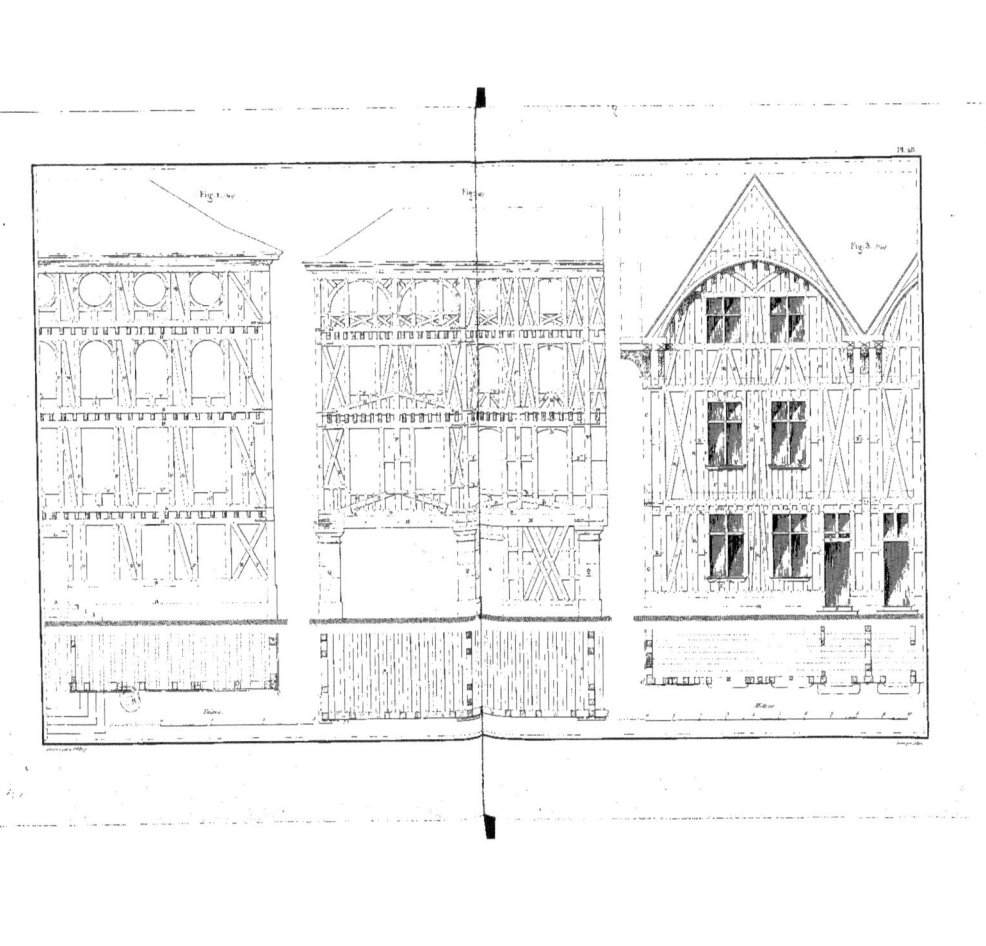

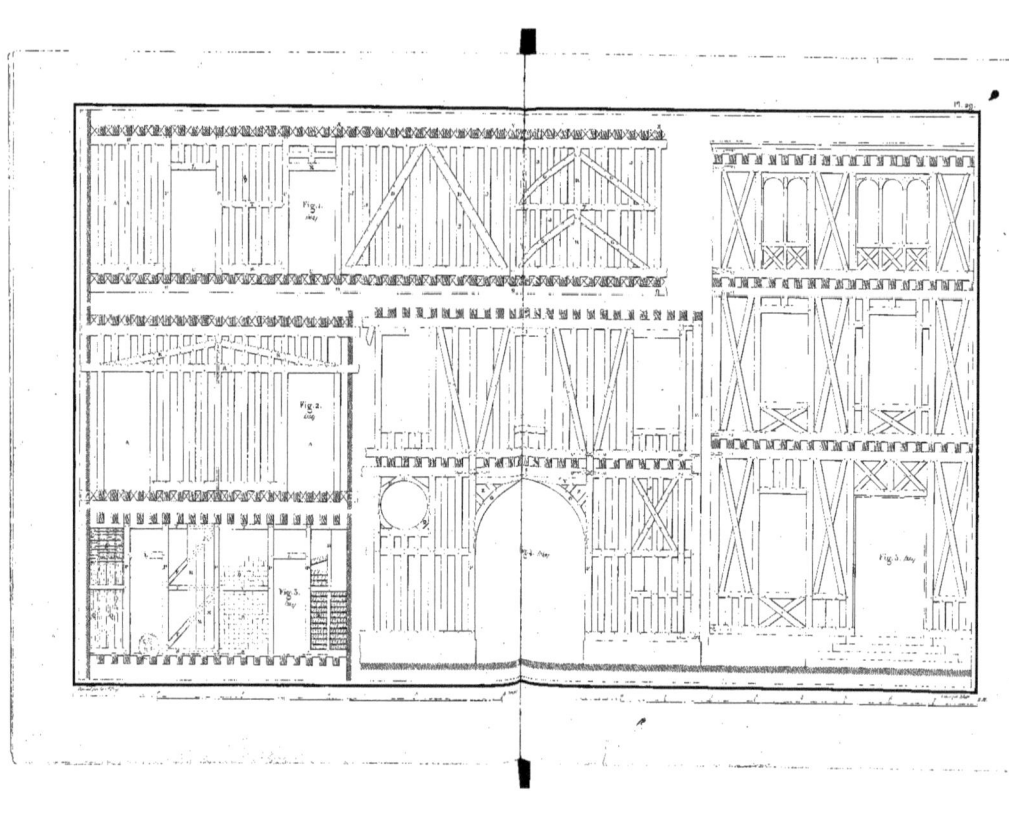

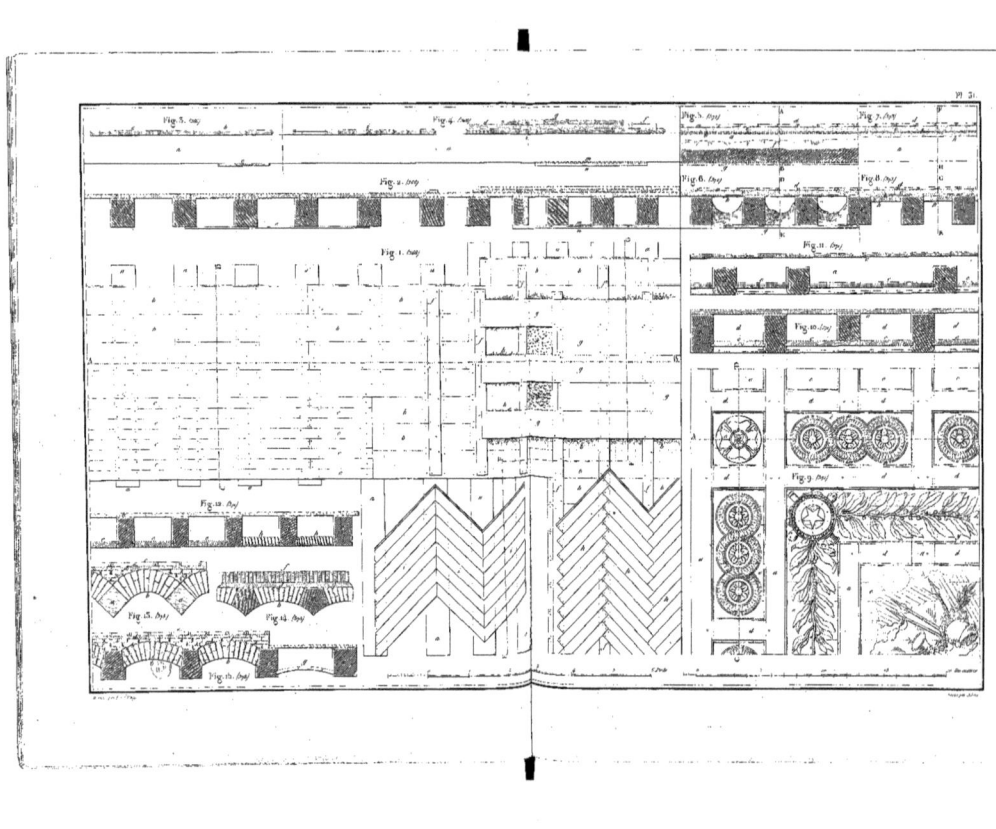

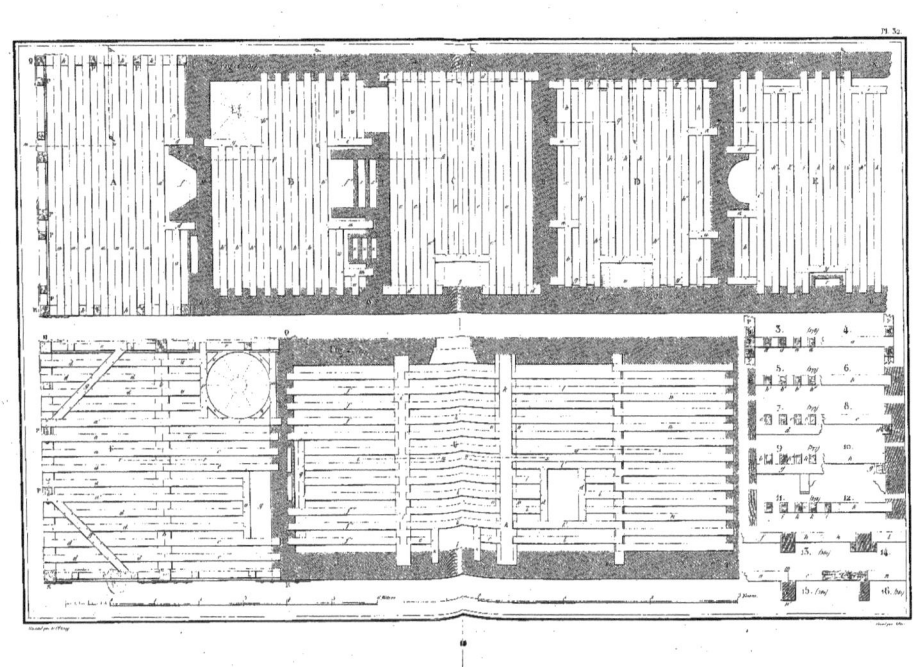

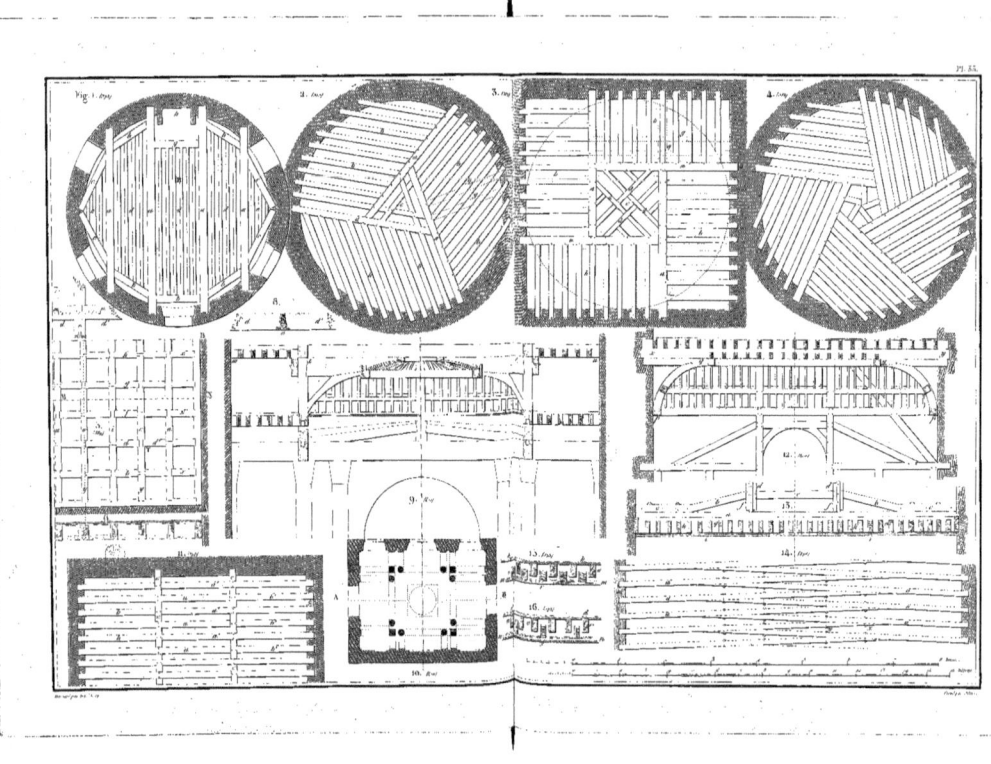

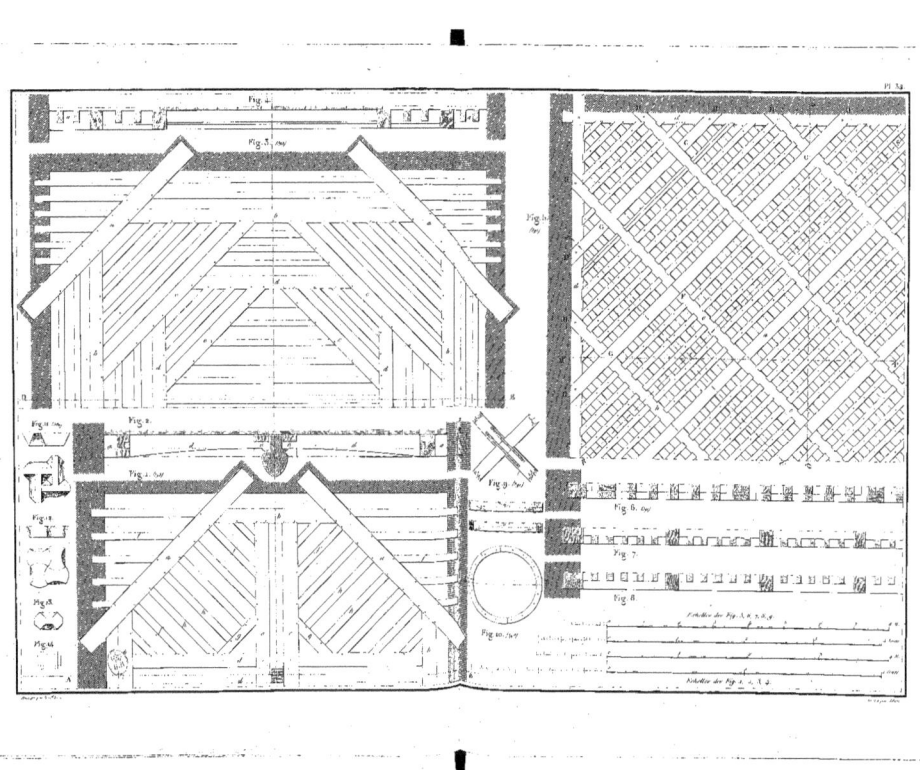

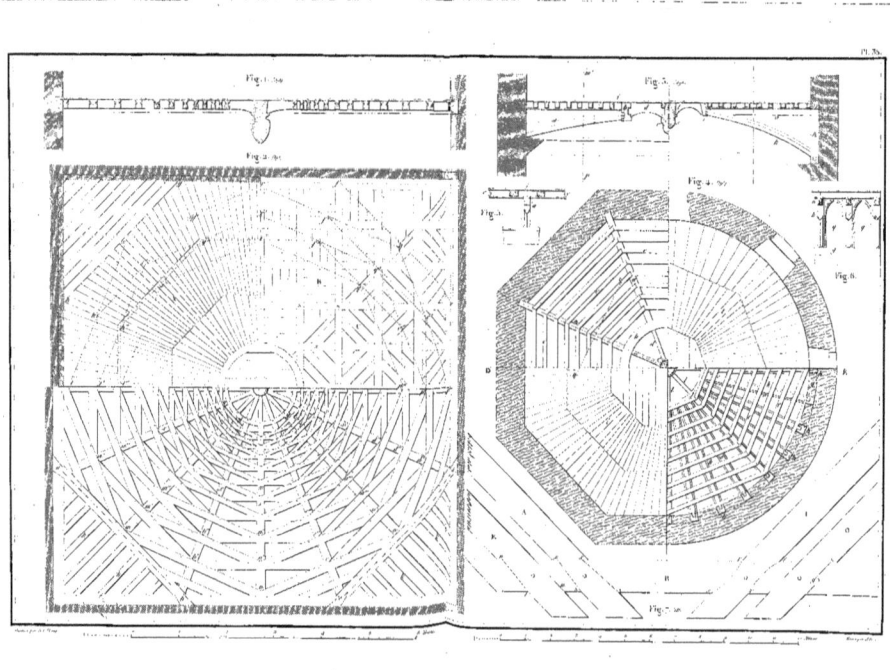

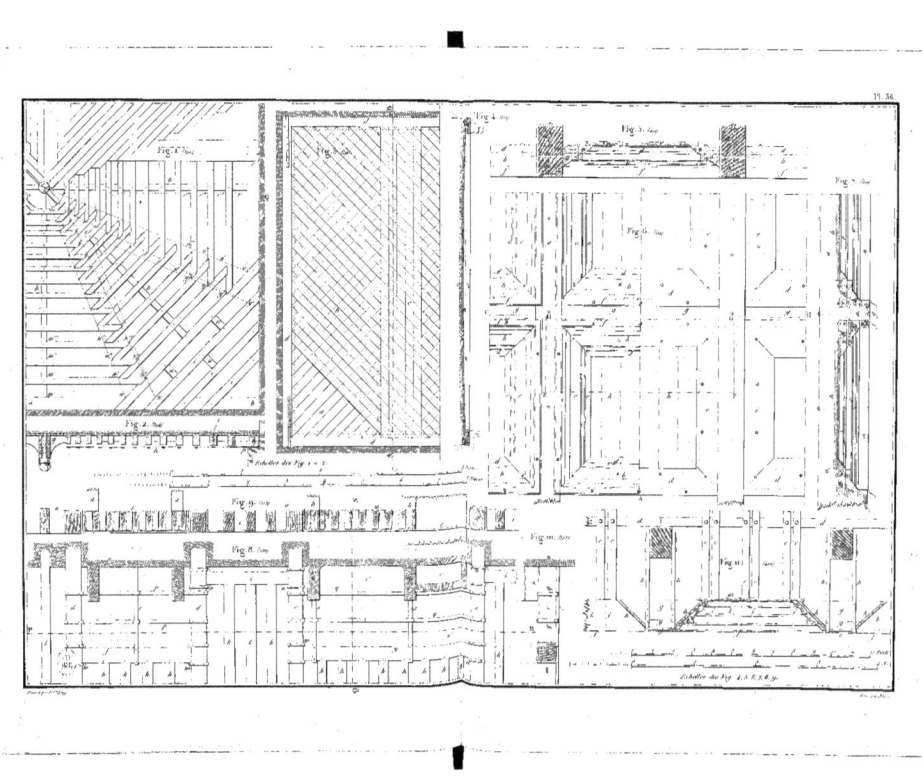

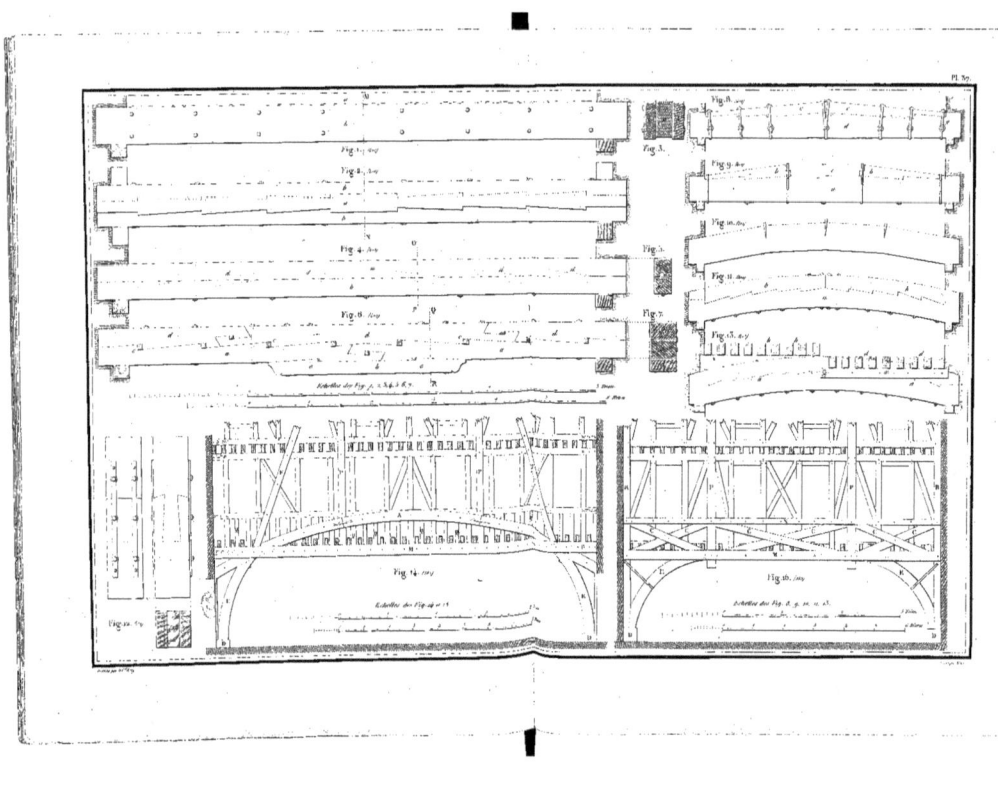

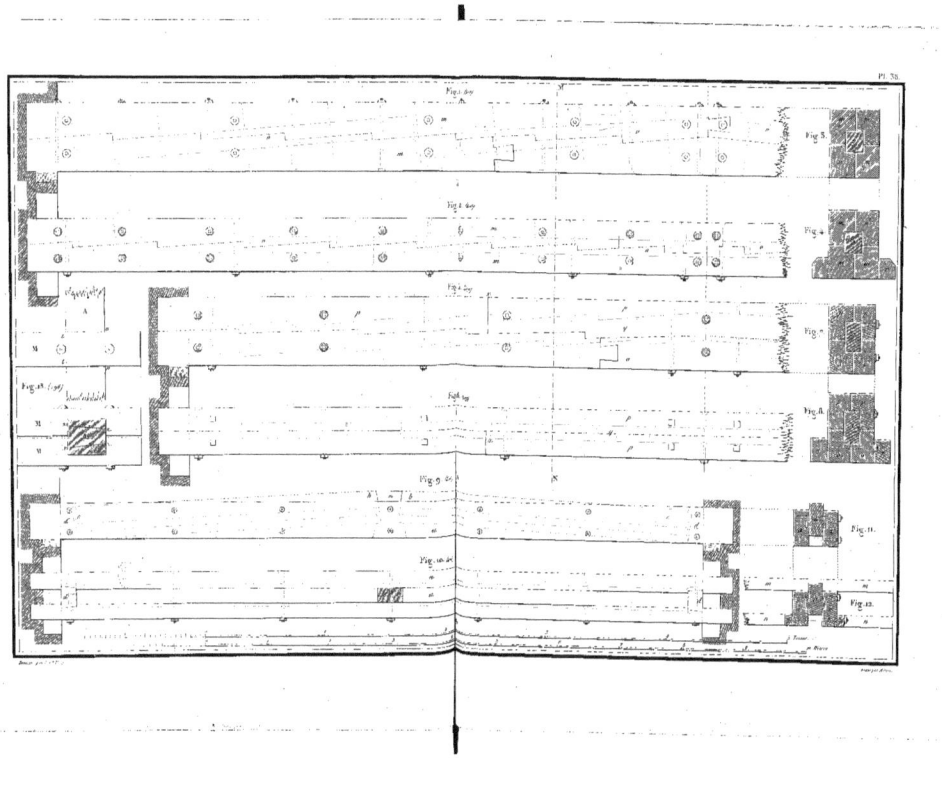

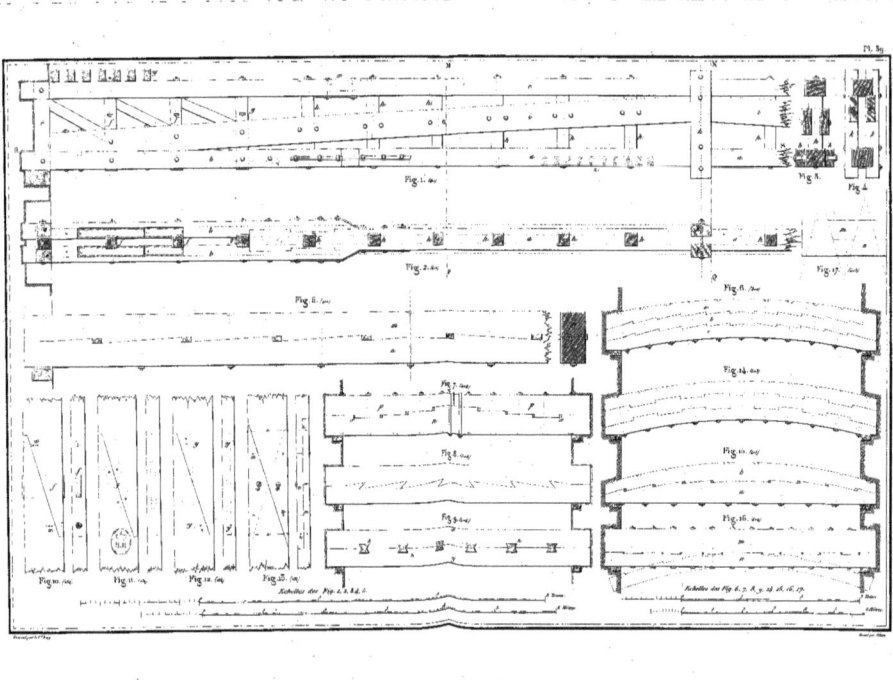

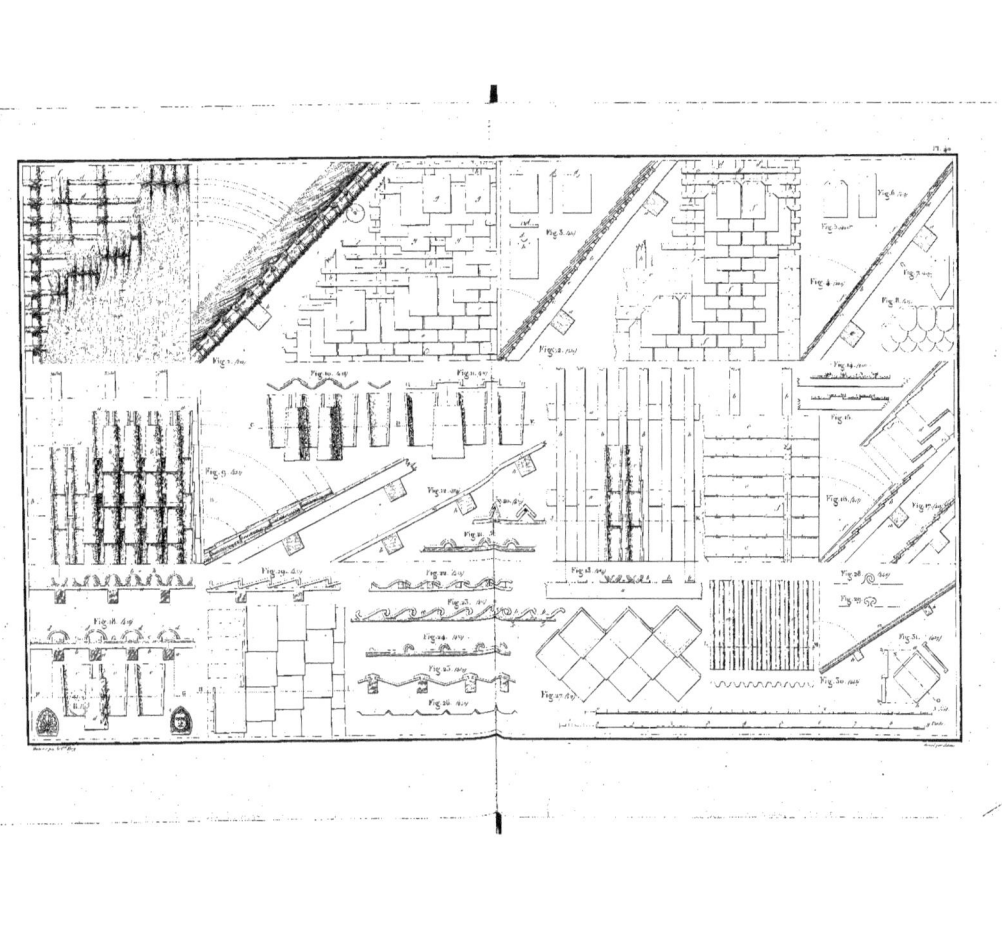

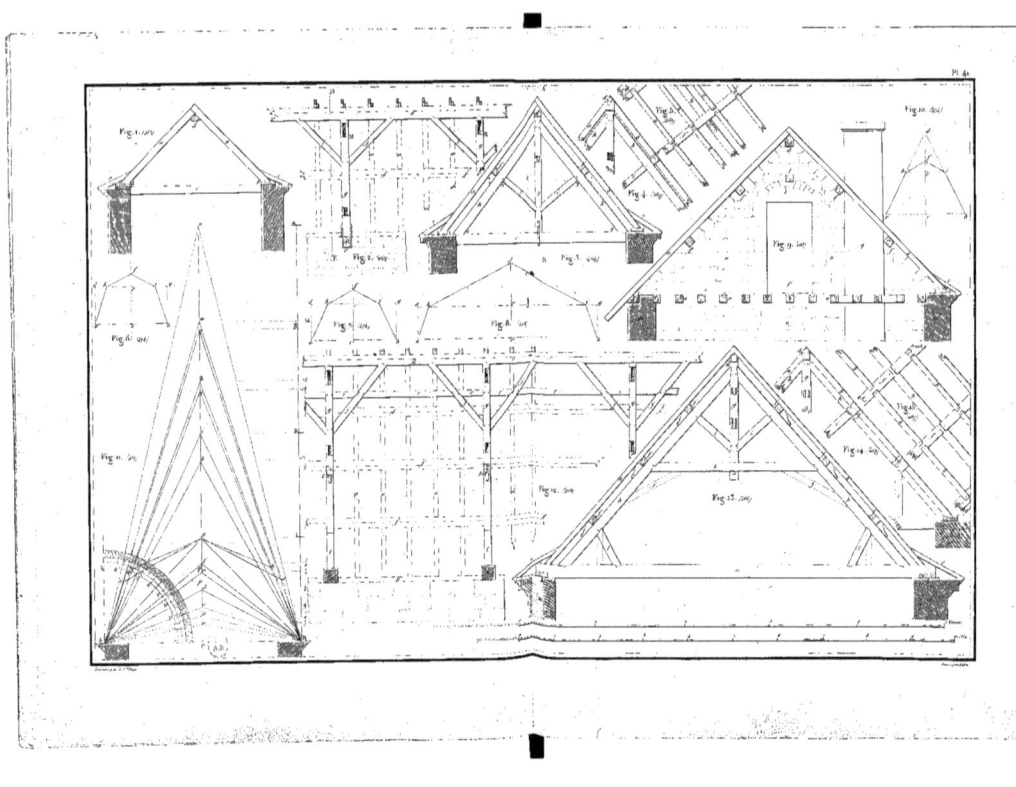

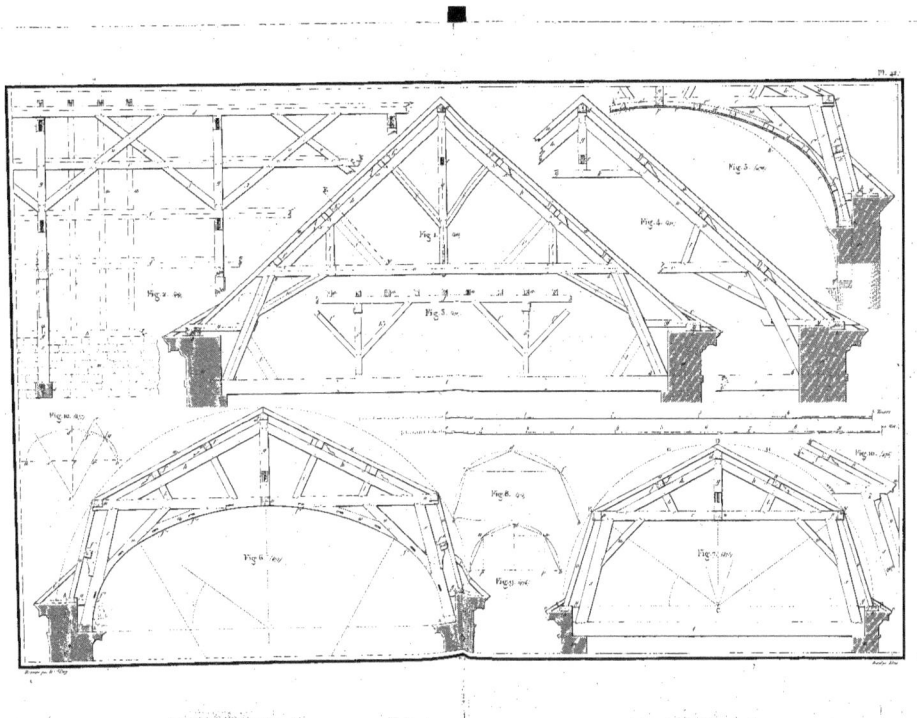

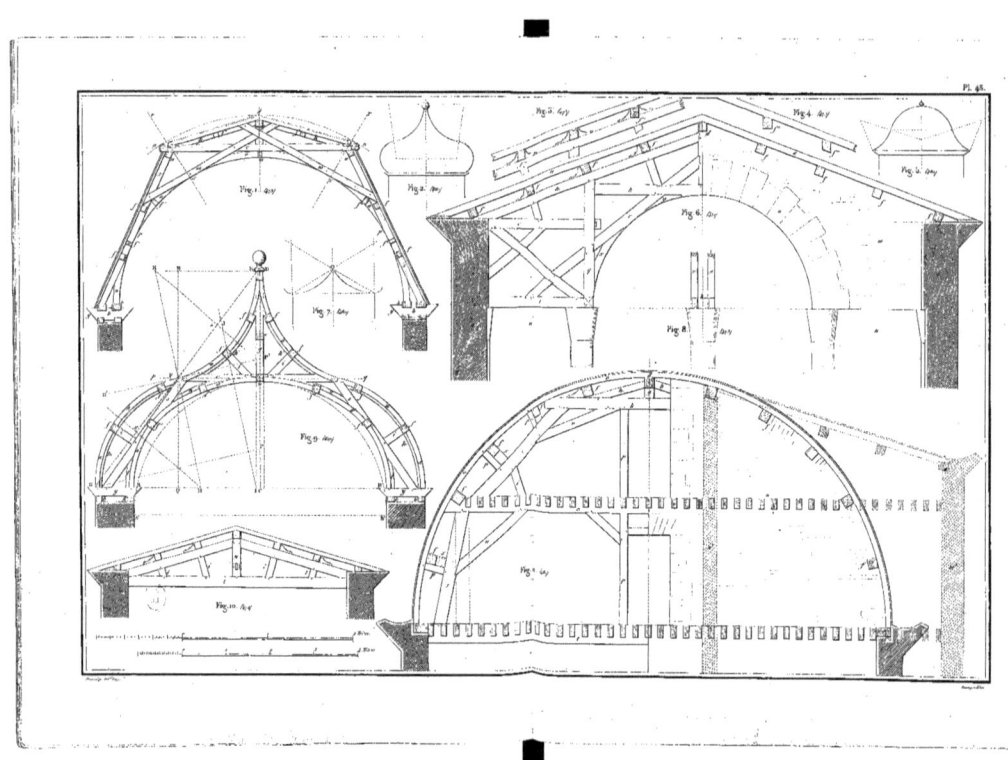

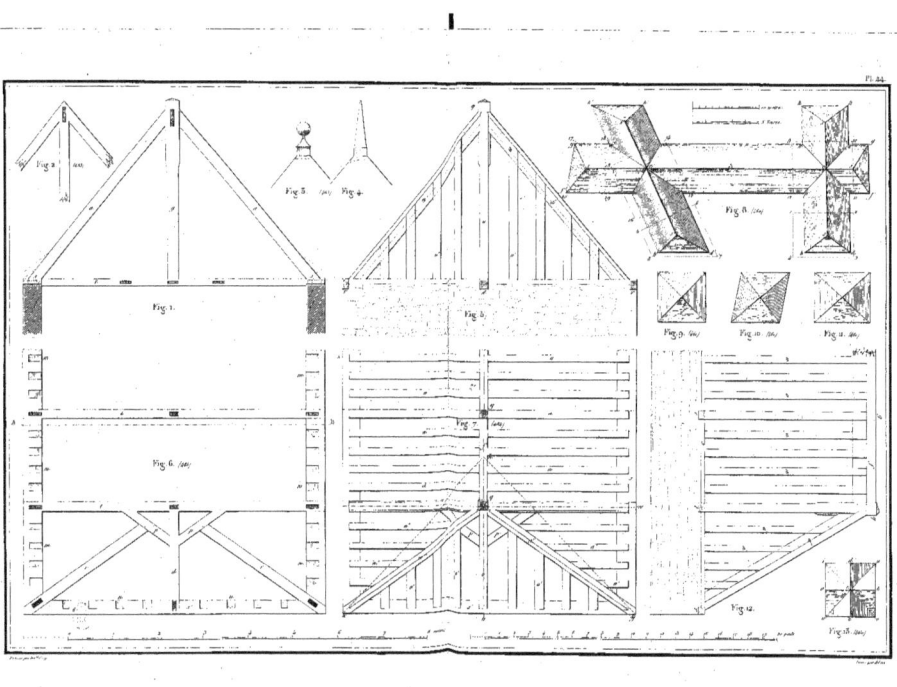

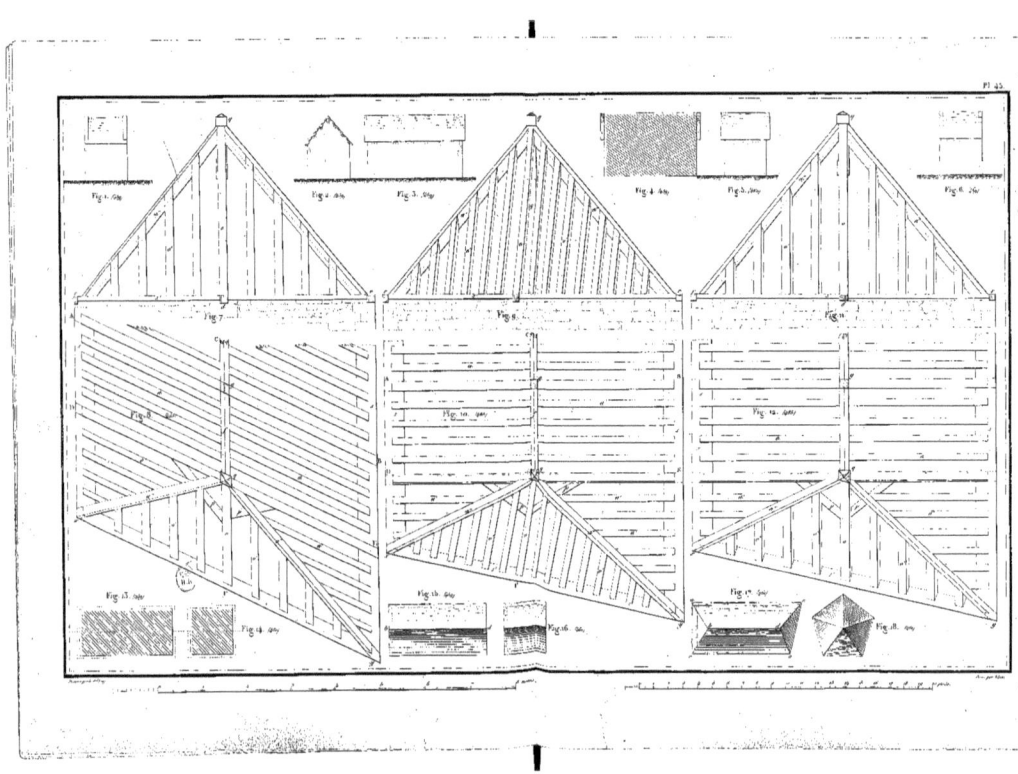

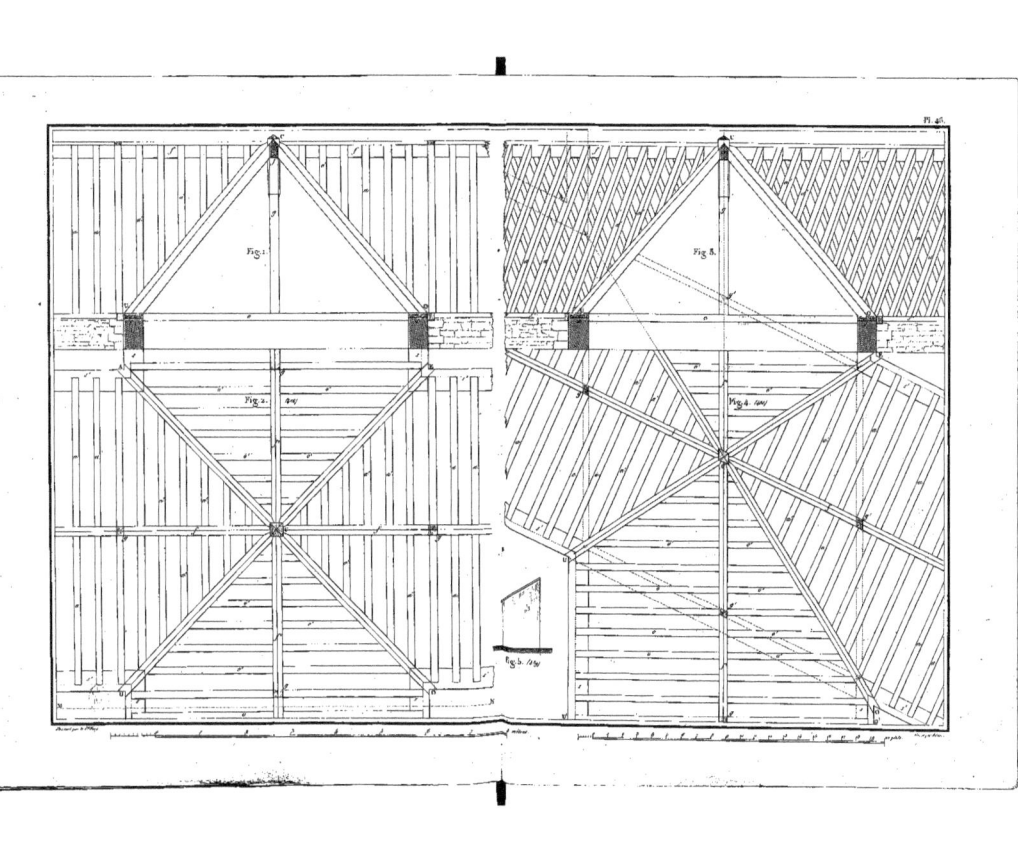

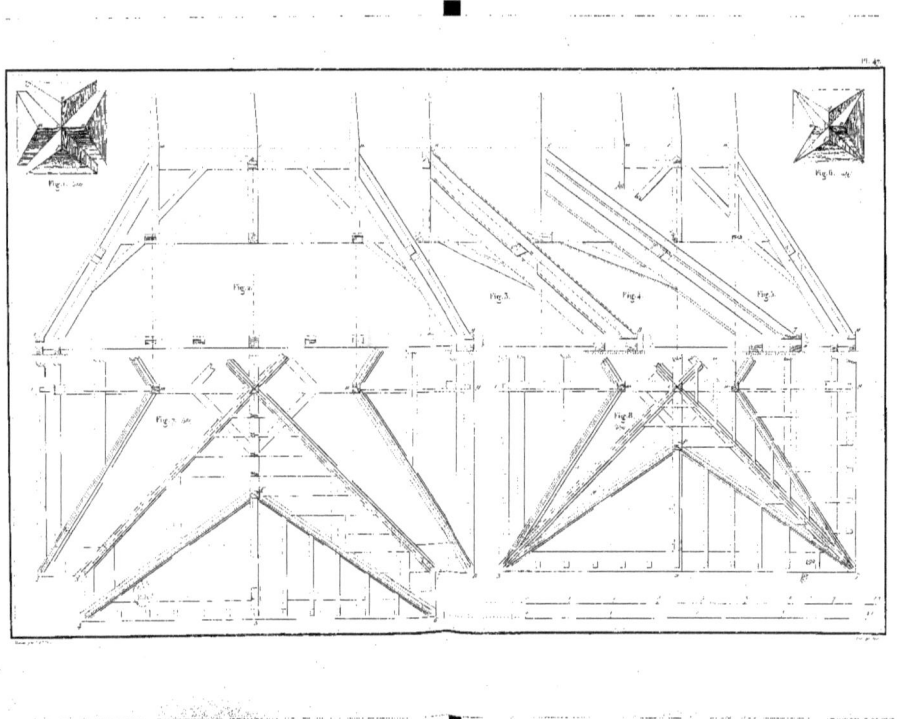

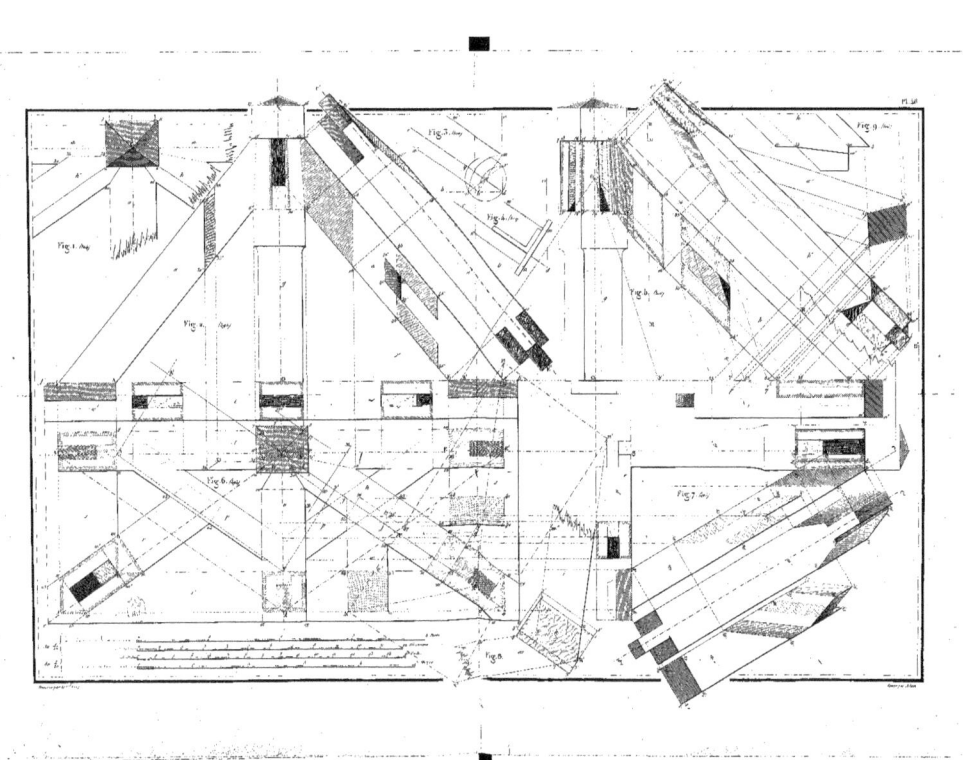

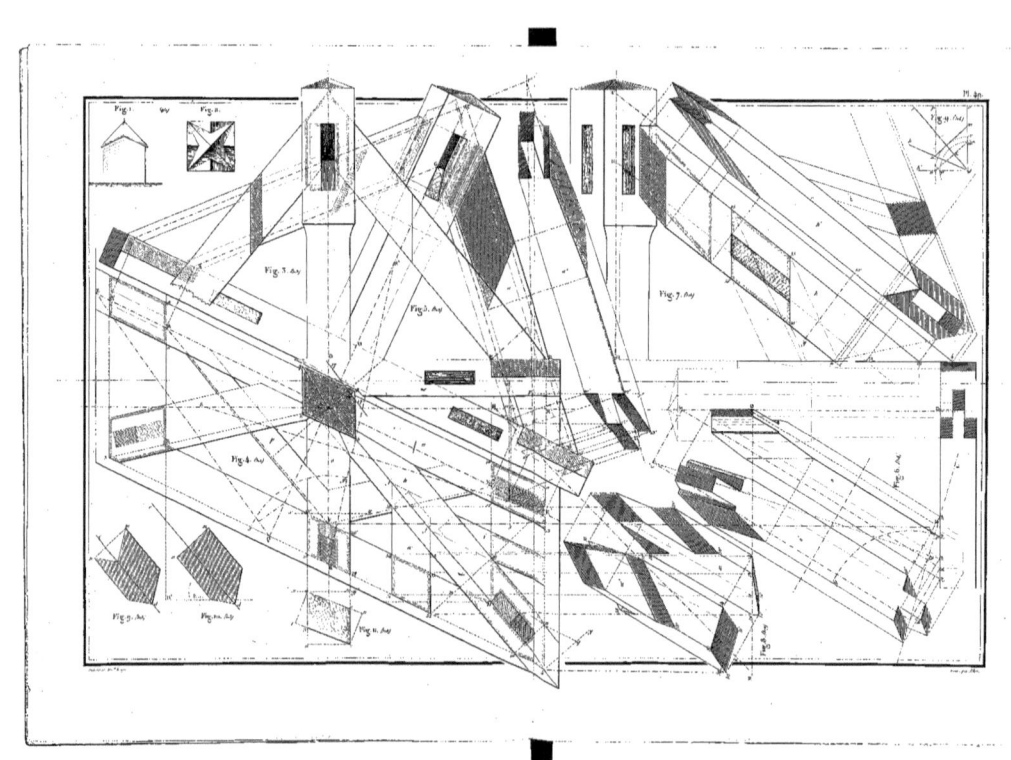

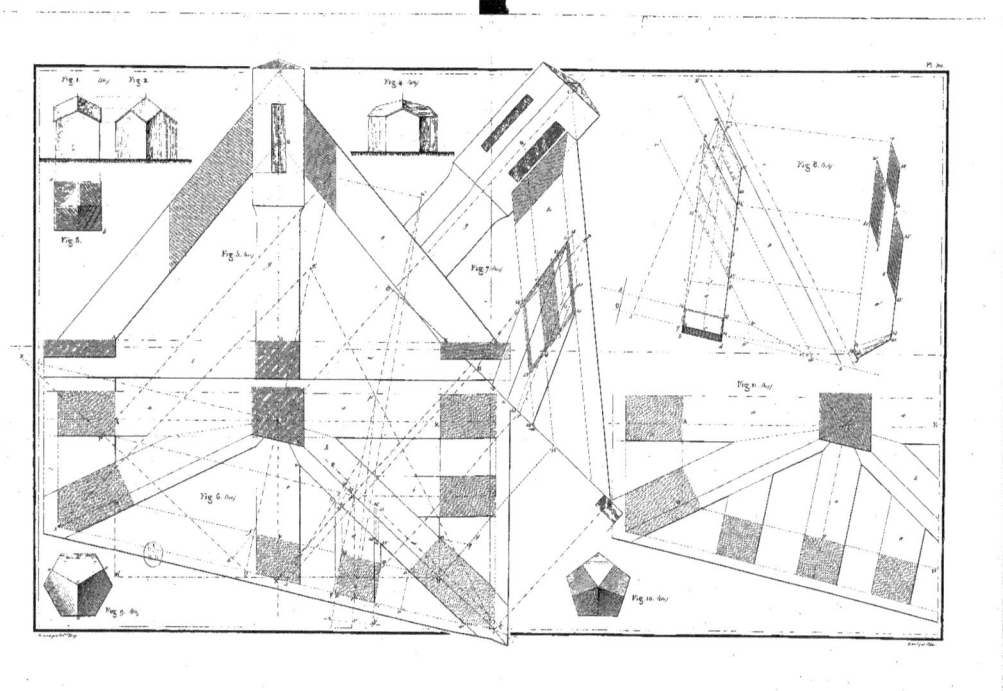

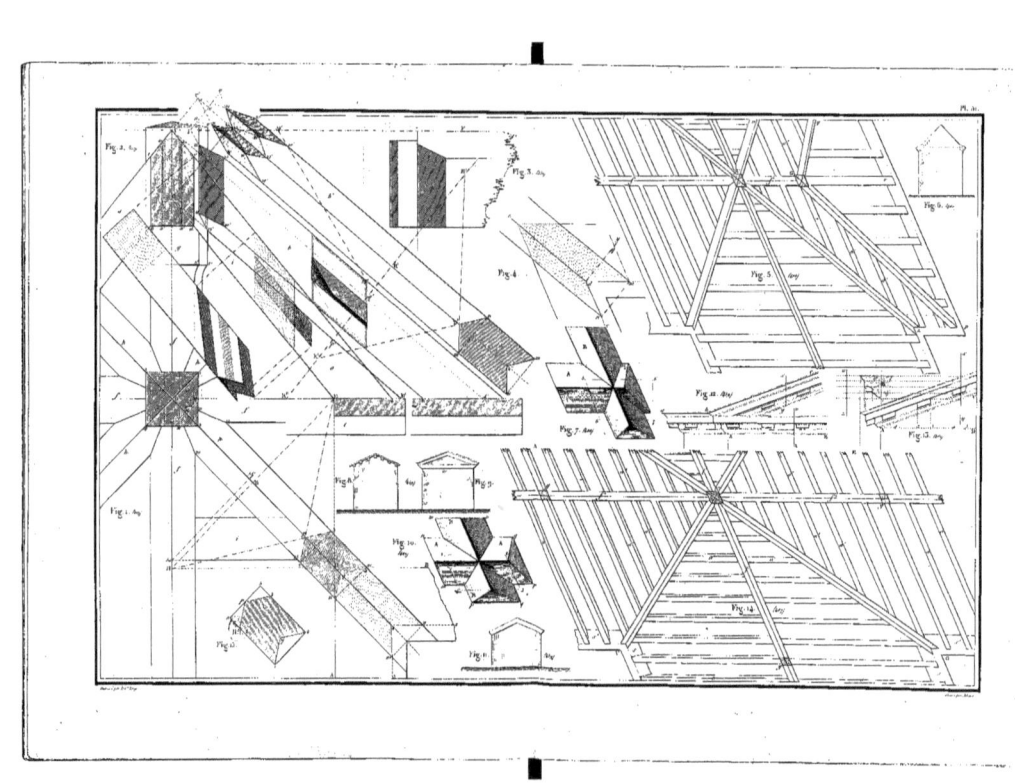

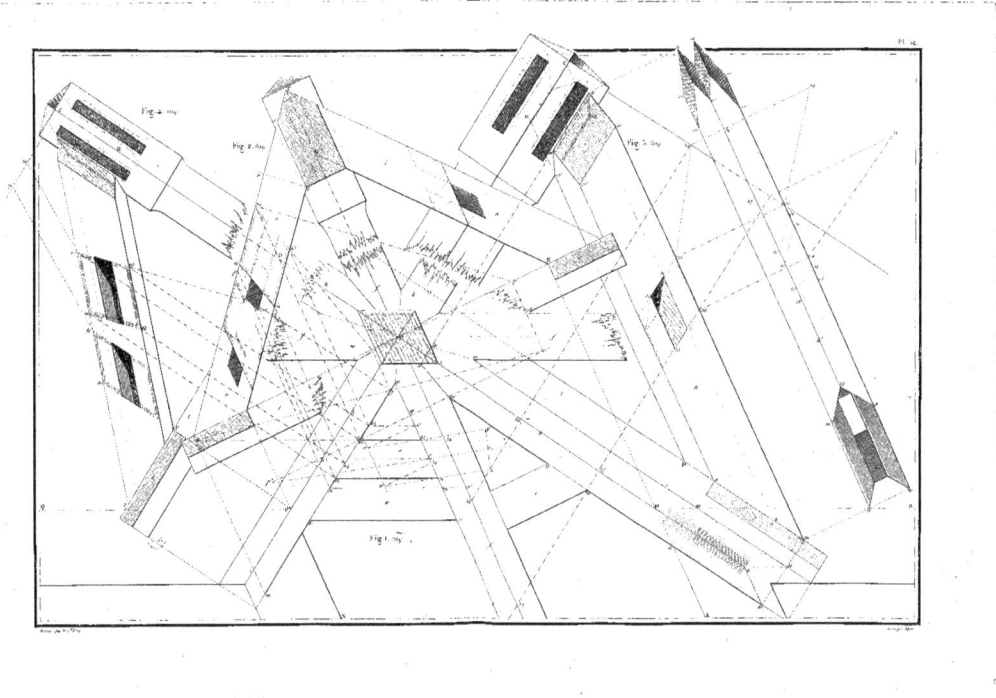

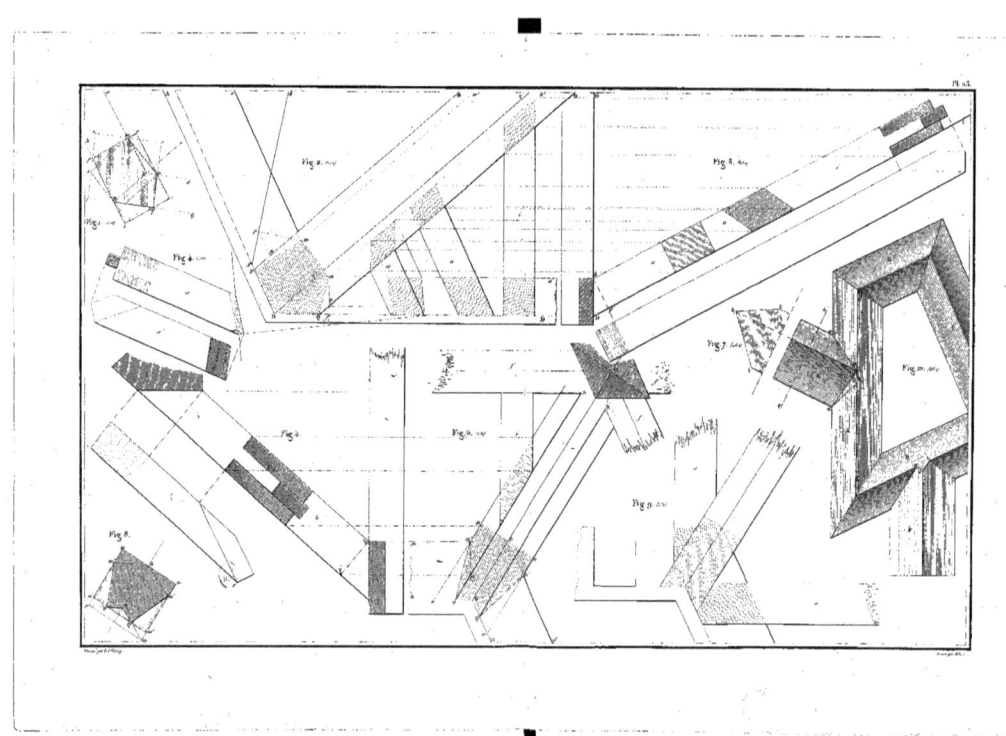

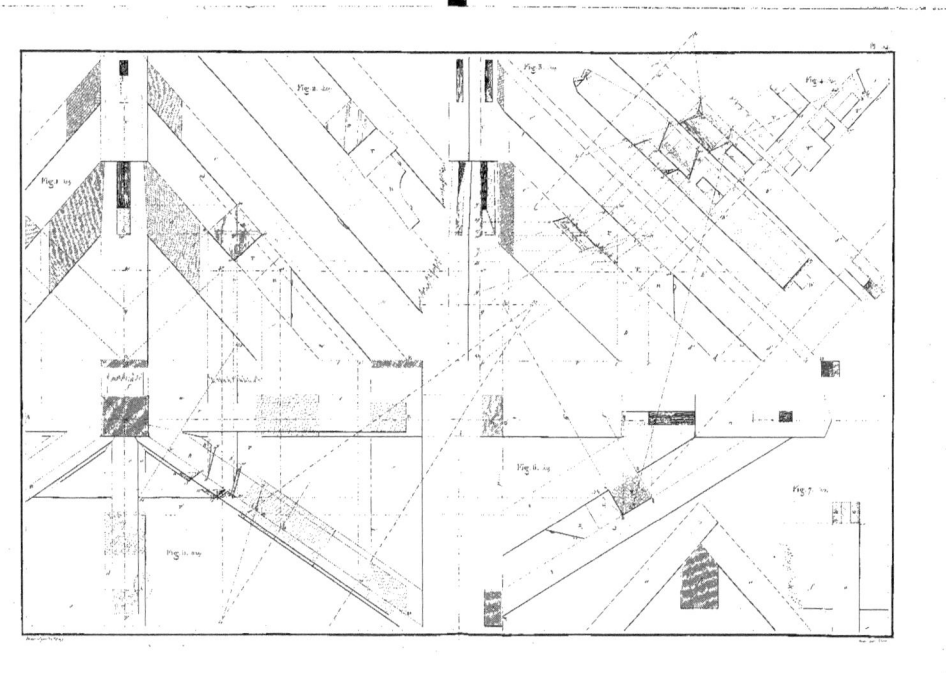

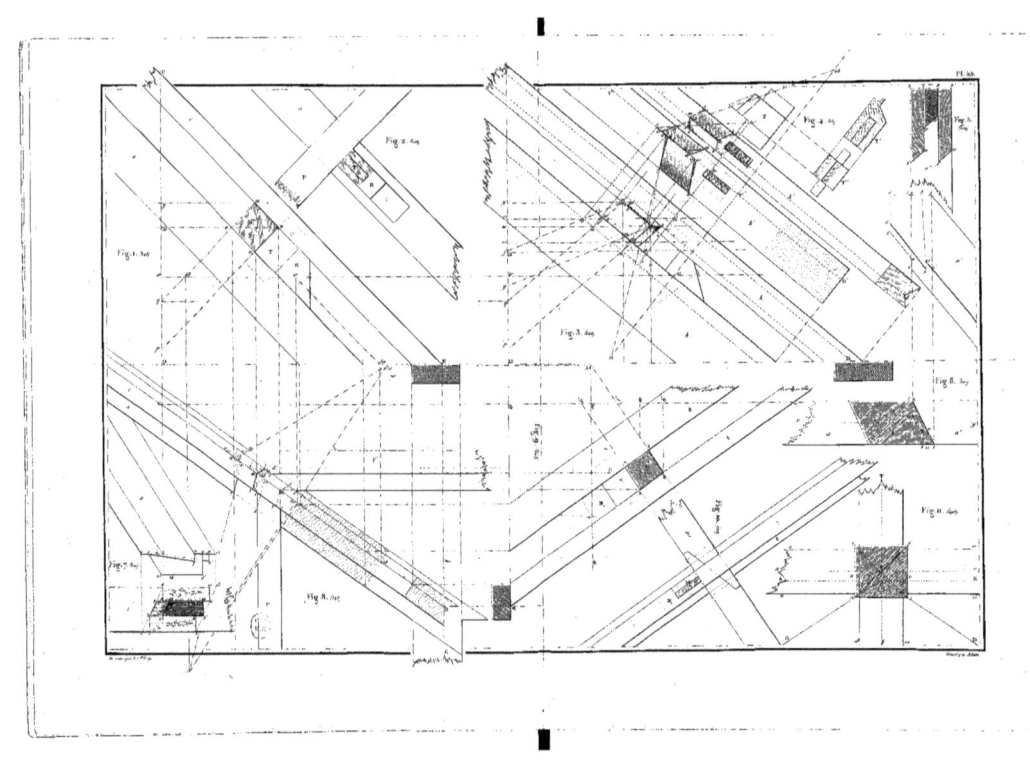

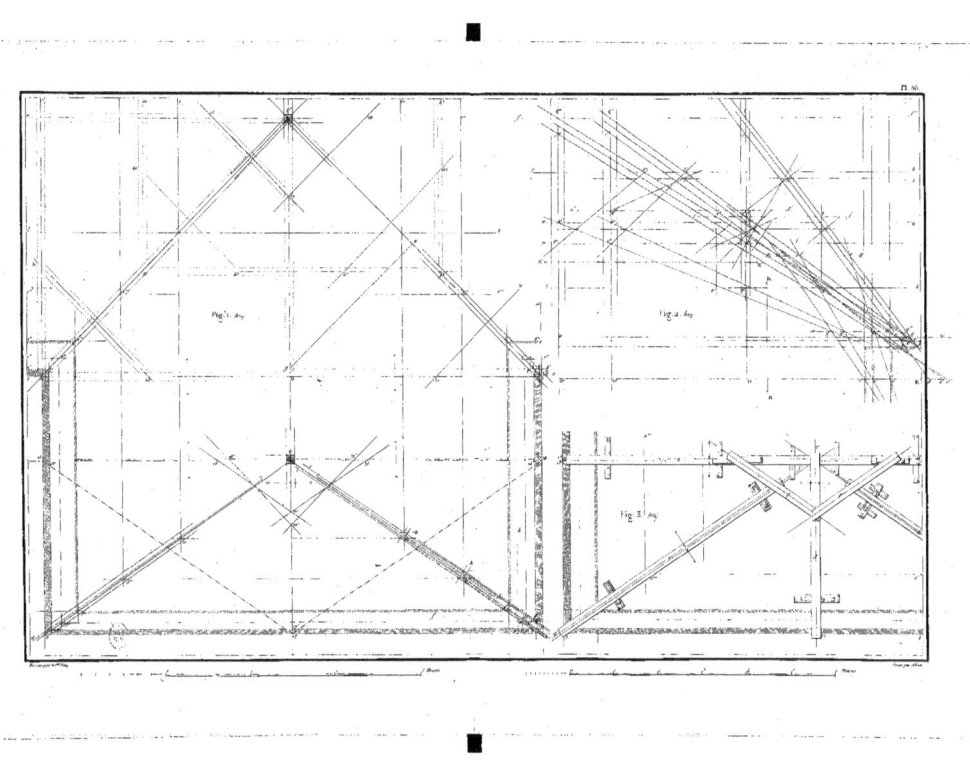

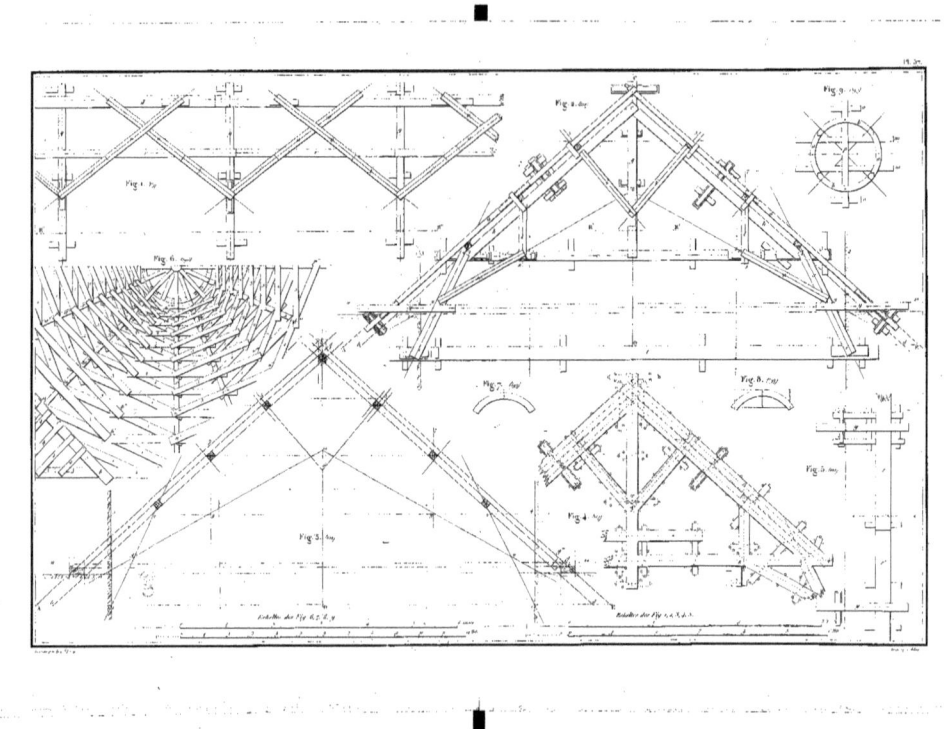

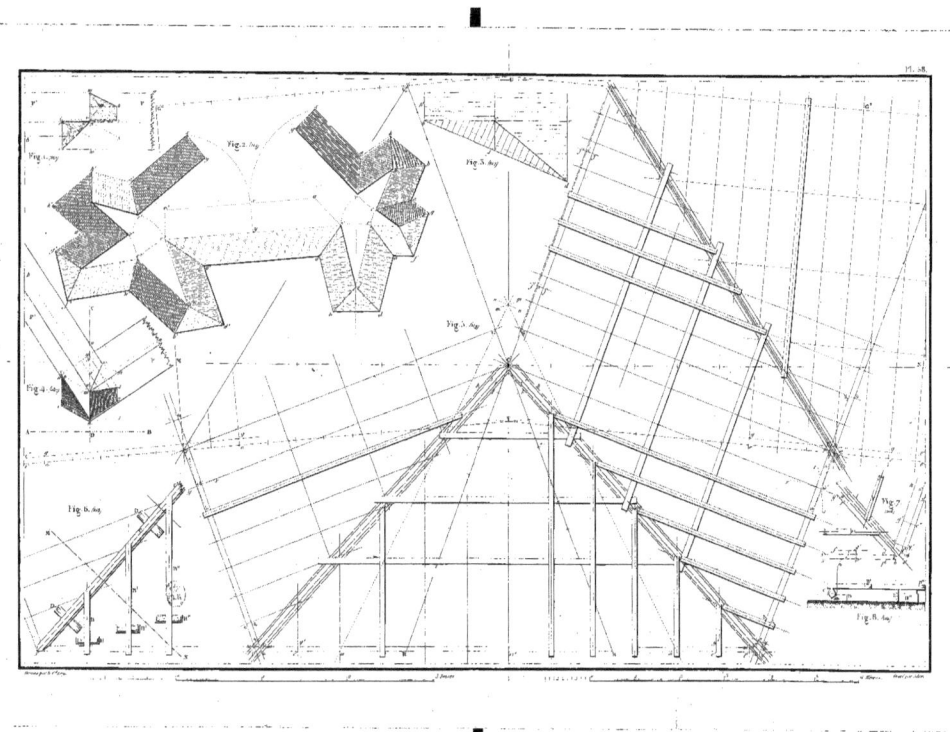

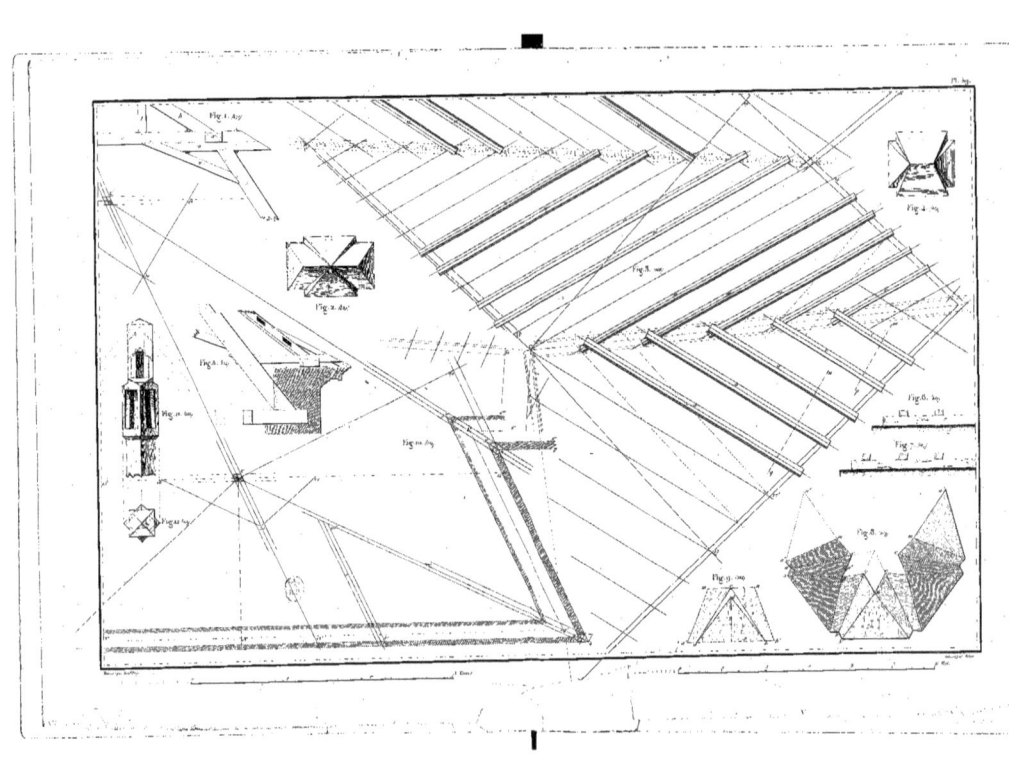

www.ingramcontent.com/pod-product-compliance
Lightning Source LLC
Chambersburg PA
CBHW060524090426
42735CB00011B/2366